OBSERVATIONS

SUR

L'AGRICULTURE.

PREMIERE PARTIE.

OBSERVATIONS

SUR

DIVERS MOYENS

DE SOUTENIR ET D'ENCOURAGER

L'AGRICULTURE,

Principalement dans la GUYENNE :

OÙ L'ON TRAITE

Des Cultures propres à cette Province, & des obstacles qui les empêchent de s'étendre.

PREMIERE PARTIE.

M. DCC. LVI.

LETTRE A M***.

Au sujet des observations sur l'agriculture.

S'IL est vrai , monsieur, comme vous l'a dit M. de ***, que ces observations ne contiennent rien de nouveau, je trouve qu'on est fort heureux de sçavoir, sans sortir de Paris, des choses que je n'ai apprises qu'avec assez de peine, pendant plus de trente ans de séjour à la campagne, & dont plusieurs ont paru très-nouvelles à bien des gens qui, les voyant tous les jours,

Partie I.   a

ne les ont jamais obſervées.

N'y auroit-il pas, Mon-
ſieur, des obſervations à faire
dans votre grande ville, qui
échappent encore à l'attention de ſes heureux ci-
toyens ? Si quelqu'un d'eux
venoit par hazard à nous envoyer à la campagne des obſervations de cette eſpéce,
ferions - nous reçus à dire
qu'elles ne ſont pas nouvelles ?

Mais ſi l'on ſçait toutes ces
choſes, dites-moi, monſieur,
je vous prie, pourquoi l'on
eſt ſi indifférent pour le plus
grand intérêt de la nation ?
Il me ſemble que l'igno-
rance eſt mille fois plus permi-
ſe.

Quoi ! on fçait que l'Espagne autrefois fi formidable, & la France qui réfiftoit feule à toute l'Europe & lui faifoit la loi, n'ont plus aujourd'hui cette même puiffance, puifqu'une nation ofe les braver toutes les deux ; on fçait que ce changement eft dû à l'abandon de l'agriculture , à la dépopulation des campagnes, à l'appefantiffement des charges, des droits & des impôts , aux priviléges exclufifs, aux monopoles, à l'accroiffement exceffif des capitales & des colonies; on fçait tout cela ; & il ne s'éleve pas un cri général pour retenir les cultivateurs qui

nous reftent, pour nous épargner la honte de ces tributs
que nous payons à nos en-
nemis, & que nous voyons
augmenter tous les ans par une
confommation toujours plus
encouragée des tabacs de leurs
colonies !

On fçait que la France eft
obligée de tirer très-fouvent,
& pour des fommes confidérables, des bleds de cette
même nation à qui elle en
fournifloit autrefois : On fçait
que le feul moyen, à l'abri
de toute exception & de tout
inconvénient, le moyen le
plus fimple & le plus facile de
procurer à ce fertile royaume
une abondance éternelle de

bled, eſt d'aſſurer la liberté de
la circulation & du com-
merce de cette denrée : on le
ſçait, direz-vous ?

Non, monſieur ; permet-
tez-moi de le dire : on ne le
ſçait pas, quoique cette importante vérité ait été démon-
trée auſſi évidemment qu'un
problême de géométrie. Si
l'on étoit bien convaincu de
cette vérité ; ſi celles que j'ai
taché de faire appercevoir
étoient bien connues, je rends
juſtice à nos bons patriotes,
nous jouirions du fruit de leurs
repréſentations, & ſur cet article, & ſur tous les autres.

Les préjugés ſont trop difficiles à déraciner, ſur-tout

dans les perfonnes qui vivent tranquillement, fi l'on peut parler ainfi, à l'ombre de ces mêmes préjugés, pour croire que la nation foit déjà fi éclairée.

Il eft bien rare, monfieur, de fe faire une idée des maux qu'on n'a jamais éprouvés.

Celui qui n'a jamais connu le travail ni l'indigence, pourra-t'il fe mettre à la place du cultivateur indigent ? Celui qui a le bonheur d'être né dans le fein de la vraie religion, de lui être foumis, de fuivre, en obéiffant aux loix qu'elle lui impofe, tous les mouvemens de fa confcience, pourra-t'il fentir le malheur & le déchi-

eu communication , & qui me preffent de le rendre public, je crois que pour n'avoir rien à nous reprocher, il faut en courir les rifques.

J'ai l'honneur d'être, &c.

TABLE

DES CHAPITRES

Contenus dans la premiere partie.

Lettre, &c.   Page j

Chapitre premier. *Impor-
tance de l'agriculture.* Page
                                   I

Chap. II. *Des projets pour
augmenter la culture des
terres.*   9

Chap. III. *Combien il feroit
néceffaire d'encourager l'a-
griculture.*   14

Chap. IV. *Découragemens du
propriétaire.*   18

rement d'une confcience er-
rante & perfécutée ?

Cependant, quoiqu'ils aient
plus de peine à fe repréfen-
ter les fouffrances des mal-
heureux, ils en ont plus de
compaffion que ceux qui font
nouvellement fortis de cette
claffe infortunée. Celui qui a
abandonné la campagne où il
ne pouvoit plus trouver à vivre, & que la fortune a pouffé
dans les emplois des finances,
prend les fentimens d'un trans-
fuge à l'égard du parti qu'il a
quitté ; il eft le premier à dire
qu'il faut s'armer de dureté,
& ne point écouter les plaintes.

Il eft vrai que les gens qui

habitent la campagne , ont
fait de tout temps les mêmes
plaintes ; on les a regardés à
la fin comme le berger qui
crie à faux, & on s'est lassé
de courir à leur secours. Mais
aujourd'hui ils n'ont pas même
la force de crier à juste titre ;
& selon toutes les apparences,
pour peu que le secours se fasse
encore un peu attendre, il arrivera trop tard.

C'est pourquoi, monsieur,
malgré le peu d'agrément,
d'ordre & d'élégance de l'ouvrage que je vous présente,
si vous croyez qu'il puisse être
de quelqu'utilité, si vous vou-
lez déférer au jugement des
personnes illustres qui en ont

CHAP. V. *Découragemens du laboureur.* 22

CHAP. VI. *Dangers de l'accroissement des grandes villes.* 24

CHAP. VII. *Continuation.* 28

CHAP. VIII. *Des colonies.* 31

CHAP. IX. *S'il est vrai que le peuple ne travaille que quand il est pauvre.* 38

CHAP. X. *Continuation.* 46

CHAP. XI. *Du commerce des denrées.* 48

CHAP. XII. *Continuation.* 52

CHAP. XIII. *Continuation.* 54

CHAP. XIV. *Des priviléges.* 57

CHAP. XV. *Continuation.* 63

CHAP. XVI. *Continuation. Priviléges des villes.* 67

CHAP. XVII. *Continuation.* 71

xij

CHAP. XVIII. *Priviléges de la ville & Sénéchauffée de Bordeaux, du pays de Dordogne, & du Languedoc ; defcente & cargaifon des vins.* 74

CHAP. XIX. *Continuation. De la jauge ou grandeur des barriques ; droits & frais de cargaifon.* 81

CHAP. XX. *Continuation.* 86

CHAP. XXI. *Effets pernicieux de ces priviléges.* 88

CHAP. XXII. *Ce qui feroit arrivé, s'il n'y avoit pas eu de priviléges.* 92

CHAP. XXIII. *Origine de ces priviléges.* 94

CHAP. XXIV. *Des avances & du crédit.* 99

CHAP. XXV. *Des fonds qu'on pourroit mettre en valeur. De ceux que les eaux gâtent. De la Garonne.* 103

CHAP. XXVI. *Continuation. Des ravines.* 111

CHAP. XXVII. *Continuation.* 113

CHAP. XXVIII. *Continuation.* 115

CHAP. XXIX. *Du chanvre.* 119

CHAP. XXX. *Continuation.* 123

CHAP. XXXI. *Continuation.* 134

CHAP. XXXII. *Que les cultures qui occupent un plus grand nombre d'ouvriers sont les plus utiles.* 137

xiv

CHAP. XXXIII. *Des vignes.*
140

CHAP. XXXIV. *Continua-
tion.* 147

CHAP. XXXV. *Continuation.*
149

CHAP. XXXVI. *Continuation.*
151

CHAP. XXXVII. *Avantages
de la Guyenne pour cette culture.* • 154

CHAP. XXXVIII. *Mélange
des vins.* 160

CHAP. XXXIX. *Continuation.*
163

CHAP. XL. *D'où vient que les
Anglois se sont plaints.* 170

CHAP. XLI. *Des vins muets.*
173

CHAP. XLII. *Commerce des*

vins. Des vins marchands &
des communs. 175

CHAP. XLIII. Des petits vins
& des eaux de vie. 179

CHAP. XLIV. Moyens de rétablir ce commerce. Taxe des
manœuvres. 185

CHAP. XLV. Continuation.
De l'arrachement des vignes,
& de l'arrêt de 1731. 187

CHAP. XLVI. Moyens plus
simples. 193

CHAP. XLVII. Commerce du
nord. Entrepôt. 201

CHAP. XLVIII. Continua-
tion. La France est l'entrepôt
naturel du levant, de nos colonies, & du nord. 207

CHAP. XLIX. Continuation.
215

xvj

Chap. L. *Continuation.* 291
Chap. LI. *Continuation. Du*
    Cabotage. 221
Chap. LII. *Continuation.* 222

Fin de la table de la premiere Partie.

OBSERVATIONS

OBSERVATIONS

SUR DIVERS MOYENS

De soutenir & d'encourager l'AGRICULTURE.

CHAPITRE I.

Importance de l'agriculture.

JE comprends sous le nom d'agriculture, tout ce qui appartient à l'économie champêtre.

Dans ce sens étendu, l'agriculture doit être regardée comme l'objet le plus impor-

Partie I. A

tant de l'adminiſtration publique.

Je ne puis mieux le faire
ſentir qu'en me ſervant des
expreſſions d'un auteur très-
eſtimé. Il dit : » que l'agri-
» culture eſt la baſe néceſſaire
» du commerce, le moyen le
» plus ſimple de ſe procurer
» les productions de la terre ;
» qu'elle mérite, dans un corps
» politique, le premier rang
» entre les occupations des
» hommes ; & qu'on peut dé-
» cider de la force réelle d'un
» état par l'accroiſſement ou
» le déclin de la population
» de ſes campagnes (*).

Ceux qui croient que le

(*) Elémens du Commerce.

commerce fait tout , n'ont jamais fans doute confidéré
l'agriculture par ce rapport
effentiel qu'elle a , confé-
quemment à ces excellentes
remarques, avec la durée des
états : en quoi elle eft infiniment préférable à tout autre
moyen d'aggrandiffement.

En effet , la fortune d'un
état, comme celle d'un particulier , eft toujours plus af-
furée en fonds de terre.

Le commerce peut enri-
chir un état , & l'affoiblir en
même temps. Si, par l'attrait
d'un commerce mal dirigé ,
la population augmente dans
les villes & diminue dans les
campagnes , l'état fe trouve

A ij

affoibli , quand la totalité du peuple reſteroit égale , quand même elle deviendroit plus grande.

Un peuple cultivateur a une ſupériorité remarquable , ſur un peuple qui n'eſt que commerçant. Carthage fut vaincue, même ſur mer, par les Romains. Veniſe & la Hollande n'ont jamais été en état de réſiſter à des armées Françoiſes. Gènes ne peut parvenir à réduire les Corſes.

Je crois la valeur égale partout; mais la valeur ſeule ne fait pas le militaire. On m'avouera que la vie dure de la campagne doit fournir plus de jeunes gens propres pour le

service de terre & de mer.
C'est de ces jeunes gens, choi-
sis par préférence, que les Romains formoient leurs armées
& leur marine. L'infanterie
Françoise en est presque toute composée.

Quand donc on a de gran-
des armées & une puissante
marine à entretenir, il faut
un riche fonds de population
dans les campagnes , n'en
prendre jamais que le superflu , & regarder ce superflu
même comme trop précieux
pour le prodiguer.

On s'apperçoit toujours trop
tard de la misere & de l'abandon des campagnes.

Ce qui occupe, ce qui frap-

pe les yeux, ce font les avantages brillans que le commerce d'entreprife, les arts de luxe, & la finance, procurent
aux grandes villes, fpéciale-
ment à la capitale. L'argent
& le peuple y affluent des extrémités du royaume, par une
efpece de révulfion conti-
nuelle. L'opulence y eft éta-
lée avec fafte, & fans égard
pour les bienféances ; tandis
que la pauvreté s'y cache plus
faftueufement encore, s'il eft
permis de parler ainfi.

On ne connoît de la cam-
pagne que les maifons de plai-
fance, ou tout au plus les terres & les jardins qui envoient
des provifions aux marchés de
Paris.

Le produit étonnant de ces terreins à proportion de leur étendue , l'ufage commode de blâmer pour ne pas plaindre , perfuadent aifément que dans les provinces , où l'on dit que l'on eft pauvre , les terres ne font pas cultivées comme elles devroient l'être, foit par pareffe , foit par ignorance.

De-là ces anciennes méthodes d'exciter au travail par les impofitions , & ces projets nouveaux qu'on publie tous les jours pour perfectionner les cultures, dans le temps qu'il n'y a que trop de denrées par-tout, vu le défaut de confommation , & la perte de ce

commerce ſi utile, qui les
faiſoit valoir.

Cependant le mal fait des
progrès rapides. Tout bon citoyen qui les voit, qui les
ſent, qui en craint les ſuites,
eſt obligé d'en avertir, & de
donner les moyens d'y remédier: Si le zèle patriotique de-
venoit une vertu ordinaire,
le roi en ſeroit mieux ſervi:
Et quel prince dans le monde
pourroit l'être auſſi bien? Partout ailleurs la crainte eſt le
reſſort du gouvernement ab-
ſolu; en France c'eſt l'amour.
Tel eſt le caractere d'une nation naturellement noble,
ſenſible & généreuſe.

C'eſt ce zèle, c'eſt cet a-

mour, qui m'ont dicté ces
obſervations : faites dans une
province (*) que je dois connoître, elles ne contiennent
rien que de vrai, ou que je ne
croie tel, après y avoir bien
réfléchi : je les donne comme
elles me ſont venues, ſans ar-
rangement & ſans art ; je n'ai
ni le loiſir, ni les talens, ni
les ſecours néceſſaires pour
faire mieux.

(*) **La Guienne.**

CHAPITRE II.

Des projets pour augmenter la
culture des terres.

L ᴇ s Grecs & les Romains
ont beaucoup écrit ſur l'agri-

A v

culture : & dans cette fcience , comme dans toutes les
autres , ils auroient été nos
maîtres , fi la plupart de leurs
livres économiques ne s'é-
toient pas perdus , ou fi nous
avions pris la peine d'en étu-
dier les principes dans ce qui
nous refte.

L'agriculture eft peut-être
la fcience qu'ils ont la mieux
connue , celle qui a le plus
fouffert de la barbarie & qui
en eft fortie le plus tard. L'I-
talie étoit le pays le mieux
cultivé qu'il y eût dans le
monde. La ftérile Attique
fournifloit ces fommes immenfes que les Athéniens dé-
penfoient en vaiffeaux , en

troupes, en décorations de leur ville, &c. pour foutenir leur gloire en tout genre.

Les hommes d'état, les grands capitaines, les phi-lofophes, les meilleurs ef-prits faifoient leurs délices de l'agriculture. Il n'y avoit pas de fujet plus intéreffant pour la converfation, les recher-ches fçavantes, les obferva-tions fuivies avec foin, & les découvertes qui en étoient le fruit. Les propriétaires étoient obligés de s'y appliquer très-férieufement, pour pouvoir diriger les travaux de leurs efclaves, par qui ils faifoient exploiter leurs biens de cam-pagne.

A vj.

Mais aujourd'hui , les livres font affez inutiles à nos laboureurs & à nos fermiers ; ils n'ont befoin que d'aifance, de crédit & de proteċtion.

Pour augmenter en peu de temps la culture des terres & les produits de l'économie, il n'y a qu'à favorifer la confommation intérieure , la circulation & l'exportation des denrées , foulager le cultivateur & l'économe, & veiller à ce qu'ils ne fe rebutent pas d'une profeffion libre.

Animez le commerce d'une denrée en France, vous en aurez bientôt plus qu'il n'en faudra. Le peuple eft induftrieux, le climat admira-

ble ; la terre, semblable au génie de la nation, produit tout
ce qu'on veut , & tout ce
qu'elle produit a un degré de
bonté qu'on trouve rarement
ailleurs.

J'ai vu augmenter éton-
namment en peu d'années,
dans quelques endroits de cette province, la culture de la
vigne , du tabac & des pru-
niers. On peut augmenter
celle du chanvre , du bled,
& des meuriers , au point que
l'on voudra. Nous portons le
même esprit cultivateur dans
nos colonies. Quel progrès
n'a pas fait la culture du caffé?
combien n'aurions-nous pas
de coton, d'indigo, de coche-

nille, &c. en permettant feulement de faire des toiles
peintes ou Indiennes?

CHAPITRE III.

*Combien il feroit néceffaire d'en-
courager l'agriculture.*

La moindre manufacture a
des privileges & des exemp-
tions. Qui en mériteroit mieux
que le laboureur?

La culture des terres eft la
vraie manufacture royale. On
dit avec raifon que les terres
fe travaillent pour le roi.

L'expérience nous apprend
que fi le colon eft une fois re-
buté de la culture des terres,

il n'y revient plus. Quand un laboureur a été forcé par la misere d'aller mandier son pain avec ses enfans, c'est une famille perdue pour le travail.

En Espagne, où le ciel est si beau, plusieurs provinces extrémement fertiles, les denrées excellentes, la culture des terres a été abandonnée sans retour. En vain, pour y rappeller ses sujets, Philippe III leur promit l'exemption des impôts & du service militaire, enfin jusqu'à la noblesse ; il étoit trop tard. L'Espagnol déja accoutumé à sa misere, & sûr de n'être plus vexé dès qu'il n'auroit plus rien à perdre, s'étoit armé de courage contre les incommodités de la vie (*).

L'éducation & l'habitude empêchent le cultivateur d'abandonner son métier, d'autant qu'il n'en sçait point d'autre ; mais il en donne d'autres à ses enfans. L'espoir de s'enrichir est l'ame de toutes les professions. Si le travail ne peut procurer que le nécessaire, ou si l'on est assez heureux pour s'en contenter, on ne travaille que pour avoir ce nécessaire , qui se borne à bien peu , mais le superflu n'a point de bornes.

Pour animer la culture, dit un auteur que j'ai déja cité, il

(*) Testam. polit. du Card. ALBERONI.

faut que cette profession se
ressente, comme les autres,
de l'augmentation de la masse
d'argent (*).

Il faudroit qu'elle s'en ressentît davantage, à proportion
de sa peine & de ses avances.
Il faudroit même qu'elle s'en
ressentît promptement, avant
qu'elle ne fût tout-à-fait dé-
couragée, comme elle l'a été
en Espagne. Le même génie
commence déja à se faire sen-
tir dans cette province qui en
est voisine.

(*) Encyclopéd. Culture des terres.

CHAPITRE IV.

Découragemens du propriétaire.

LES divers découragemens des gens de journée, des laboureurs & des fermiers, demanderoient une attention particuliere. Nous ne manquerons pas de les faire obferver. Mais il eft à propos de parler premiérement de ce qui regarde le propriétaire, qui eft toujours la vraie partie fouffrante.

Il eft le chef de la manufacture économique; il la dirige & la fait valoir. Tout roule fur fes foins & fur fes avances. Il nourrit dans la difette les ouvriers & leurs familles. Il effuie leur caprice & leur mutinerie dans les années abondantes : il regle leurs mœurs , appaife leurs différends ; enfin fans lui ces fociétés champêtres ne pourroient fubfifter.

Qu'il faffe lui-même exploiter fes revenus , ou qu'il les donne à moitié , il eft tenu de faire les avances des charges & des réparations. Le premier parti feroit fans doute le plus utile , parce que le propriétaire a toujours plus de foin que le métayer, comme celui-ci en a plus que le fermier : mais ce parti devient

impratiquable, quand, par la
difette des ouvriers & le vil
prix des denrées, les charges
& les frais de culture excé-
dent le revenu.

C'étoit autrefois la profeffion ordinaire d'une bonne
partie de la nobleffe & des
gens vivant noblement, l'occupation & l'amufement de
leur retraite après avoirfervi
l'état. Ils trouvoient dans leur
économie les moyens d'éle-
ver leurs enfans & de les foutenir au fervice.

Ceux d'une claffe inférieu-
re trouvoient dans la même
économie, mais plus frugale
encore & plus active, des
fonds pour entretenir & pour

établir leurs enfans dans le commerce.

D'autres fe bornoient à cette économie même, contens de voir qu'elle affuroit la fortune d'une famille peu nombreufe. Il arrivoit affez fouvent que chaque portion de l'héritage, partagé entre deux freres, rendoit autant que le tout. C'eft ce que j'ai vu dans ces endroits où la culture du tabac étoit permife.

Ainfi, la population toujours maintenue dans les campagnes, remplaçoit continuellement les foldats, les matelots, les artifans, les négocians, que les occafions de défendre l'état ou

de l'enrichir attiroient ailleurs.

CHAPITRE V.

Découragemens du laboureur.

Tous les enfans des laboureurs, vignerons, journaliers,
&c. vont à l'école ; il n'en
reste plus pour garder le bétail. Dès qu'ils sçavent lire &
écrire, ils gagnent les grandes villes. Là, frappés de
l'aisance & des commodités
qu'une occupation douce,
plutôt qu'un travail pénible,
procure au marchand & à
l'artisan, les uns apprennent
un métier, les autres se louent

pour domeſtiques. Les finances & les colonies, par l'a-
morce d'un gain plus facile,
plus prompt & plus conſidérable, en attirent beaucoup ;
mais le plus grand nombre
fuit les déſagrémens de ſa
condition, les taxes, les cor-
vées, les milices, &c. Quantité s'expatrient, par des rai-
ſons particulieres à certains
cantons de la province, où il
y avoit le plus de cultivateurs.

Les bords des rivieres ſont
par-tout extrémement peu-
plés ; mais dans cette province ils l'étoient plus qu'ailleurs.
Aujourd'hui, c'eſt aux bords
de nos rivieres qu'il eſt reſté
le moins d'habitans. Le fret

des batteaux eſt devenu plus
cher que les voitures de terre.
Les ouvriers, les domeſtiques, les ſimples manœuvres,
y ſont auſſi rares qu'en Eſpagne & en Portugal.

J'apprends que cette diſette eſt générale dans les campagnes de pluſieurs provinces, & même à peu de diſtance de Paris.

CHAPITRE VI.

*Dangers de l'accroiſſement des
grandes villes.*

C'eſt le fort des vaſtes
monarchies de ſe détruire in-
ſenſiblement, par l'accroiſſement

-ment exceſſif des grandes villes., & ſur tout de la capitale.

On a peine à croire ce qu'on
rapporte de l'immenſité de
quelques villes anciennes.
Mais, Ninive, Babylone,
Memphis, &c. avoient épuiſé
les provinces d'habitans. Rome eut une égale influence;
une ſeconde Rome acheva
d'affoiblir l'empire Romain.
Les ſucceſſeurs de Conſtantin
voyant le lieu de leur réſiden-
ce tous les jours plus ſuperbe
& plus riche, penſerent peut-
être que c'étoit l'effet de leur
bonne adminiſtration dans
toute l'étendue de l'empire:
ils euſſent pu en conclure à
coup sûr, que la culture des

Partie I. B

terres étoit négligée, & que
les extrémités de ce grand
corps dépériffoient.

Dans cette province, Bor-
deaux s'eft exceffivement ac-
cru, embelli & peuplé, depuis quelques années. A-t'on
fait venir de nouvelles colonies des pays étrangers, pour
occuper tant de maifons qu'on
y bâtit journellement, & qui
font louées & habitées, avant
même que d'être finies ? Tout
le peuple de la province veut
être citoyen de la capitale.

Ce ne font pas toujours les
guerres & les incurfions qui
dévaftent les provinces. On
ne voit pas que les conqué-
rans des Gaules aient pris à tâ-

che de détruire tous les anciens édifices Romains, fi admirables, fi folides, & en fi
grand nombre. Pourquoi l'auroient-ils fait? Ils en étoient
devenus les maîtres. Ces édifices font tombés en ruine, &
ils avoient déja commencé
avant la conquête, à peu-près
comme les châteaux des feigneurs dans les provinces
reculées. On en a vendu ou
laiffé prendre les matériaux,
pour épargner les frais des réparations.

CHAPITRE VII.

Continuation.

IL ne faut point oppofer à ce qui vient d'être obfervé ci-deffus, qu'il y a long-temps qu'on dit en Angleterre que la tête eft trop groffe pour le corps, & que depuis qu'on le dit Londres eft augmenté de plus de la moitié, fans que le corps en reffente aucun mal.

Les feigneurs Anglois habitent leurs châteaux. Ils n'ont point d'hôtels dans Londres, & ne s'y tiennent que pendant la féance du parlement. Le refte de la nobleffe, les gens ri-

ches & aifés vivent à la campagne neuf ou dix mois de l'année. Il eft aifé de voir combien
l'agriculture profite de leur
féjour.

Londres n'eft pas feulement
la tête du corps politique ; il
en eft auffi l'eftomach, qui ren-
voie aux membres les plus
éloignés le fuc nourricier des
alimens qu'ils lui fourniffent.

Londres eft un port de mer,
un entrepôt pour le commerce des denrées & des manufactures. On les y amene par
mer de toutes les diftances ; il
s'y en fait une prodigieufe confommation ; on en peut juger
par un feul article : cinq cent
gros navires , dit un auteur

qui paroît très-inſtruit, y portent continuellement du charbon de terre *. Or, quand il n'y auroit que les retours de ce commerce, ils ſuffiroient preſque pour remplacer l'argent des tributs que payent à l'état les pays d'où l'on tire ce charbon.

La conſommation à Londres, eſt des deux tiers plus forte qu'à Paris, attendu l'approviſionnement des vaiſſeaux.

L'intérêt de l'argent eſt à peu près le même dans toute l'Angleterre. A Paris, l'argent eſt à quatre pour cent; dans les villes des provinces, à

---

* Eſſai ſur l'état du commerce d'Angleterre.

cinq ; à Bordeaux , à six dans
le commerce : à l'égard des
campagnes , il n'est à aucun
prix.

CHAPITRE VIII.

Des colonies.

Il en est des colonies comme des grandes villes ; leur
accroissement a le même brillant & le même défaut.

Deux auteurs Espagnols ,
qui ont écrit depuis peu avec
toute la force & tout le bon
sens propres à cette nation, &
dont on nous a donné des tra-
ductions admirables , ne con-
viennent pas de ce qu'on dit

communément , que les co-
lonies ont dépeuplé l'Efpagne *. Mais fans rappeller des
exemples anciens , tels que
celui de Carthage, nous avons
fous les yeux l'exemple de cette province. Celui de l'Angleterre ne conclut rien. 1°.
L'Angleterre n'envoie dans
fes colonies que des étrangers
& des malfaiteurs.

2°. Quant à la raifon prife
de ce que l'Angleterre ne contient pas plus d'habitans que
l'Efpagne (en effet, on compte qu'il y a fept millions d'habitans , à peu-près , dans chacun de ces royaumes), les il-

* Théorie & pratique du commerce & de la
marine, chap. XII. Confidérat. fur les Finances
d'Efpagne, pag. 3 & fuiv.

luftres auteurs que je viens de citer, n'ont pas eu égard à l'étendue de ces deux états, ni à un principe évident qu'on ne fçauroit s'empêcher de m'accorder: c'eft qu'un état eft peuplé en raifon directe du nombre de fes habitans, & inverfe de fon étendue. Ainfi, le nombre du peuple étant fuppofé égal, fi l'Angleterre eft beaucoup plus petite que l'Efpagne, & qu'elle n'en foit que le tiers, par exemple, il fera vrai de dire que l'Angleterre eft trois fois plus peuplée ; qu'elle peut avoir plus d'hommes dans fes colonies, plus de matelots en mer, plus d'artifans occupés dans fes villes fans déranger la cultivation.

On peut appliquer cette régle à d'autres pays, particuliérement à la Hollande, qui n'a que très-peu de terrein à cultiver.

La même régle fera difparoître le merveilleux de la population de la Chine. Si cet empire eft, comme on l'eftime, les deux tiers plus grand que la France, il fe trouve qu'avec foixante millions d'habitans il ne fera pas plus peuplé que la France, quand elle en avoit vingt millions. Ainfi la France aura peuplé fes colonies, pendant quelque temps, fans s'affoiblir.

Don Géronymo de Ufta-

riz * prétend qu'il ne va dans
les colonies que des gens inutiles. Mais il n'est guere possible qu'il ne sorte beaucoup de
laboureurs d'un pays où ils sont
si fort découragés, & où les
sentimens ne sont pas rares jusques dans cette classe inférieu-
re. Ces sentimens fiers dans un
homme du peuple, mêlés, si
l'on veut, d'orgueil & de pa-
resse, font que se trouvant riche dès qu'il a gagné un peu
de bien, il dédaigne de reprendre un état que l'horreur
du mépris & de l'oppression
lui a fait abandonner.

Avec tant de sagesse, d'a-
mour de la patrie, & de si pro-

* Théorie, &c. ibid.

B vj

fondes connoiſſances , il
n'eſt pas à préſumer que ces
auteurs aient recherché le
vain honneur de s'éloigner
d'une opinion vulgaire. Ils ont
voulu , ſans doute , qu'on ſe
rendît plus attentif aux cauſes
moins connues de la dévaſta-
tion de ce beau royaume , autrefois ſi puiſſant & ſi formidable. Il y en a beaucoup qui
ont concouru avec celles dont
tout le monde eſt inſtruit ; la
population des colonies , les
guerres étrangeres , l'expul-
ſion des Maures , des Juifs ,
&c. Une des principales eſt ,
ſans difficulté , l'appeſantiſſe-
ment des impôts, qui entraîne
toujours les vexations , plus

insupportablesencore,desem-
ployés aux recouvremens.
Mais ces caufes fi efficaces de
la dépopulation , ont commencé par en être le funefte
effet : car il eft inévitable que
les impôts ne s'appefantiffent,
ainfi que toutes les charges
réelles & perfonnelles, à mefure que le nombre des con-
tribuables diminue ; & que le
défordre des finances & les
befoins de l'état n'autorifent
les vexations.

Pour revenir à cette province, je fuis fûr qu'il en fort tous
les jours beaucoup de gens utiles,qui vont à la Martinique &
à S. Domingue, & que nous
avons perdu quantité d'ou-

vriers, de matelots & de cultivateurs. J'ai même été ſur-
pris aſſez ſouvent de ce qu'on
permet que nos laboureurs
s'y aillent établir pour cultiver
la terre, comme j'en ai vu pluſieurs, qu'on engage ouverte-
ment par des ſalaires plus forts.
Il me ſemble qu'on devroit ſe
contenter d'y envoyer des Nè-
gres, ou tâcher d'y attirer des
étrangers.

CHAPITRE IX.

S'il eſt vrai que le peuple ne tra-
vaille que quand il eſt pauvre.

IL arrive aſſez ſouvent, dans
les villes ſurtout, que certains
artiſans, les uns par vanité,

les autres par goût pour le plaifir , quittent leur profeffion
dès qu'ils font devenus riches.
Dans les campagnes même ,
les ouvriers font plus rares &
plus chers pendant l'abondance que pendant la difette. C'eft
apparemment ce qui a donné
lieu à cet ancien & dangereux
préjugé , qui paffe pour un
axiôme de finance , que le
peuple ne travaille que quand
il eft pauvre.

Henri IV étoit bien éloigné
de le croire : Je veux, difoit-il,
qu'il n'y ait aucun payfan dans
mon royaume qui ne foit en
état de mettre tous les diman-
ches une poule dans fon pot.
Ce grand roi fçavoit combien

l'aifance anime le payfan au travail, & combien la mifere le décourage & le rend paref-feux.

J'ai vu, dans certains cantons de la Guyenne où l'on cultivoit le tabac, le peuple très-aifé & très-laborieux. Un payfan qui avoit en propriété un demi arpent de terre, étoit riche. Il travailloit affez fouvent pour lui au clair de la lune, après avoir gagné fa journée à travailler pour un autre. Depuis que ce peuple eft devenu pauvre par la fuppreffion d'une culture fi utile, il n'a plus la même ardeur pour le travail.

Je fçais, par des gens fort

âgés, que le pain & le vin ont
été à moitié meilleur marché,
& qu'on ne laiſſoit pas de trouver des ouvriers & des manœuvres aſſez facilement, &
à un prix raiſonnable.

Je ne vois perſonne qui ait
les bras croiſés parmi ce peuple. Tout ce qui eſt reſté de
monde dans les campagnes,
travaille, ou feroit travailler
s'il le pouvoit.

Pourquoi donc cette rareté
étonnante de toutes ſortes
d'ouvriers, qu'on n'a jamais
éprouvée dans nos campagnes,
après les guerres les plus lon-
gues ? Pourquoi ce ſalaire exceſſif, qui ſurpaſſe les forces
de celui qui les veut em-

ployer ? Que font devenus les
maçons, les charpentiers, &c,
les domeftiques, les manœuvres, & jufqu'aux enfans pour
garder le bétail ? D'où vient
qu'on trouvoit de tous ces
gens là plus qu'on n'en vouloit, pendant la derniere difette, il n'y a que peu d'années ?

C'eft que la claffe de ces
gens-là eft fort diminuée.
Dans les temps de ces grandes
difettes, ils accourent de tous
côtés & demandent à travailler pour la vie. On en voit
par troupes mandier leur pain,
la bêche fur l'épaule. Le pays
paroît furchargé de peuple.
Vient-il deux années d'abon-

dance, ils difparoiffent tous.
Mais, où vont-ils? Chacun
retourne à fon travail accoutumé, tout fe remet dans
l'ordre. Ce n'eft donc pas à
l'abondance des vivres qu'il
faut s'en prendre ; c'eft à la
quantité d'ouvrage qu'on a à
faire dans un pays, vu les
ouvriers qui y reftent. On
pourroit fentir alors que leur
nombre eft extrémement diminué, comme un malade
s'apperçoit de fa foibleffe dès
que la fiévre a ceffé : mais le
préjugé eft caufe qu'on n'y fait
pas attention.

La cherté indique la rareté
en toutes chofes. On pourroit
s'épargner l'embarras & l'in-

certitude des dénombremens.
Pour fçavoir fi , proportion-
nellement aux autres claffes ,
le nombre des gens qui travaillent augmente ou diminue , le prix de la main-d'œuvre eft un excellent *démo-*
*mètre,*fi l'on veut bien me paffer ce terme. L'exemple fui-
vant , pris entre mille , fuffira
po ur le faire entendre.

Un fufil de maître eft toujours fort cher dans une petite
ville , parce qu'il n'y a qu'un
armurier ; une arme de Forêt , également bonne & fo u-
vent meilleure quand elle eft
bien choifie, coûtera beaucoup
moins,quoique tranfportée au
bout du royaume , à caufe

de la concurrence des ou-
vriers.

Un auteur Anglois obferve,
qu'en Angleterre, depuis environ trente ans, la main d'œuvre a enchéri dans le temps
que la population eft augmen-
tée. C'eft qu'à raifon du commerce & du luxe, le nombre
des gens qui font travailler
s'y eft plus accrû que celui des
gens qui travaillent. Si cette
derniere claffe n'a augmenté,
par exemple, que de deux pour
cent, pendant que les autres
claffes ont augmenté de dix,
la main d'œuvre doit avoir
enchéri de huit pour cent. Il
fe peut bien auffi que cette
claffe d'ouvriers a diminué au

lieu d'augmenter ; ce qui ren-
chériroit encore plus la main
d'œuvre.

CHAPITRE X.

Continuation.

Dans la haute Guyenne ,
l'agriculture & les arts qui
en dépendent, font la feule induftrie des habitans : ils n'ont
de commerce que celui des
denrées, & l'artifan ne travaille que fur les matieres que
le pays produit.

Quand les récoltes man-
quent , il n'y a pas de pays
plus pauvre dans le royaume.
L'argent devient d'une rareté

infinie, les recouvremens très-
difficiles, aucune réparation
ne fe fait, ni aux terres ni aux
maifons. Il n'eft pas furpre-
nant qu'on trouve alors plus
d'ouvriers qu'on n'en demande. A la fin de la difette, le
peuple eft dépourvu de tout,
parce qu'il a tout vendu. Il
commence par travailler pour
foi, dès que l'abondance revient. Mais toutes ces raifons
ont toujours fubfifté. Cependant tous les ouvriers n'ont
jamais été fi rares. Il y a donc
de nouvelles caufes de dépopulation que l'état a intérêt
de connoître.

CHAPITRE XI.

Du commerce des denrées.

LES denrées font la richeffe de la France, & la feule que l'induftrie humaine ne puiffe pas procurer à tous les pays.

De tous les commerces que peut faire une nation, celui de fes denrées eft le plus utile ; il le devient davantage quand on les emporte toutes manufacturées. Mais il réunit tous les genres d'utilité, quand la main qui les cultive les a travaillées elle-même.

On a tort d'imaginer que ces mains, accoutumées à manier

nier les inftrumens groffiers du labourage, ne fçauroient exercer les arts qui demandent plus d'adreffe ; ce font les payfans qui fabriquent ces beaux velours d'Italie. Ils les fabriqueroient également en France, ainfi que plufieurs autres bonnes & belles étoffes, de la foie qu'ils auroient recueillie. J'ai vu des effais de droguet en foie, affez jolis, exécutés par des tifferans de la campagne, qui n'avoient jamais ourdi que des toiles communes & du linge de table. La nature ne donne point de privilége exclufif, pour le génie, aux habitans des villes.

La circulation des denrées

Partie I. C

ne fçauroit être rendue trop ai-
fée & trop libre. Mais ce n'eſt
pas tout que de faire des chemins pour la faciliter, ſi l'on
n'ôte pas les autres obſtacles
qui la gênent infiniment davantage.

D'ailleurs, les chemins de
traverſe, qui aboutiſſent aux
grandes routes & aux ports
des rivieres, ne ſont pas faits.
Les grandes rivieres, comme la Garonne, le Lot, le
Jarn, &c. ne ſont bien navigables qu'une partie de l'année. Quantité de petites rivieres qui pourroient l'être,
ne le ſont point du tout. Il y
a en beaucoup d'endroits des
péages & des droits de forai-

ne, qui subsistent encore, depuis que la province étoit partagée entre divers seigneurs indépendans.

Le commerce des bleds n'est pas encore tout-à-fait libre ; celui des vins est entiérement écrasé par les priviléges des villes ; & celui des denrées qu'on porte dans les marchés, est soumis au caprice & à l'ignorance des taxateurs municipaux. Nous entrerons tout-à-l'heure dans un plus grand détail.

CHAPITRE XII.

Continuation.

C E commerce demande, de plus, des négocians riches, intelligens & bien intentionnés.

C'eſt un grand inconvénient que les propriétaires ſoient obligés de charger leurs denrées pour leur compte. La plupart n'entendent point le commerce. Ils ſe livrent tous à la merci des commiſſionnaires étrangers, qui font ſouvent conſommer les cargaiſons en coulages & en frais arbitraires qui, toujours preſſés de vendre, pour retirer leurs avances, fe mettent peu en peine d'avilir les denrées d'un pays où ils n'ont aucun inté-rêt.

Les propriétaires vendent auffi leurs denrées aux armateurs de Bordeaux, ou à leurs commis, qui les achetent fur les lieux. Mais ces armateurs, faute de grandes vues, ou d'ê-tre en état de les fuivre, tâ-chent de faire tomber dans le difcrédit les denrées de la pro-vince, pour les avoir à un plus bas prix, & ils affecteront d'en faire venir de l'étranger. Les commis qu'ils ont fur les lieux, quoique du pays même, les fervent de tout leur pouvoir, afin de se conserver de petites commissions dont ils ont besoin pour vivre.

CHAPITRE XIII.

Continuation.

Le bon marché des denrées, suivant les causes d'où il dérive, est ou un avantage inestimable, ou un dérangement funeste.

Autrefois, la France, au moyen du bas prix de ses denrées, attiroit tout l'argent des autres nations, comme les Indes font encore & feront toujours, par un fonds inépuisable de population & de fertilité. Aujourd'hui, les nations voifines, uniquement jalou- fes de nous, ont pris des me- fures pour empêcher la fortie de leur argent à notre profit, en mettant les plus hauts droits fur l'importation ou la confommation des principales denrées de France, telles que les vins & eaux de vie. Cette précaution avoit un incon- vénient néceffaire, qui eft la contrebande, dont nous au- rions profité comme les Hol- landois, à qui la contrebande, qu'ils font en Angleterre & ailleurs & même parmi nous, rapporte des fommes confidé- rables.

Nos côtes font d'une trop

grande étendue & trop pro-
ches de l'Angleterre , pour
qu'on pût facilement empêcher le verfement d'un royaume à l'autre , fi nos denrées,
dans leur marche , n'étoient
pas auffi embarraffées qu'elles
le font , de droits , de péages,
de formalités , de priviléges,
&c ; & qu'elles puffent librement paffer en tout tems , par
le port de Bordeaux , des provinces du midi dans celles du
nord.

Dans l'état naturel & dans
le bon ordre , l'abondance favorife le commerce & encou-
rage le cultivateur. Le plus
grand dérangement poffible
eft quand il faut néceffaire-

ment attendre la difette pour pouvoir débiter fes denrées.

Le prix des denrées, dans fon cours naturel, a des varia-tions continuelles, non feule-ment d'une année à l'autre, mais dans la même année.

Dans cette province, les récoltes ne font prefque ja-mais médiocres, c'eft-à-dire, qu'elles font ou très-bonnes ou très - mauvaifes. Cela fe voit fur-tout à l'égard du bled; j'en dirai la raifon quand je traiterai cet article.

Cette variation favorife ex-trémement le commerce de fpéculation. Il ne manqueroit qu'une entiere liberté pour les bleds & pour les vins.

C v.

Plus les denrées font à un bas prix , plus le marchand a intérêt de les acheter, plus auffi le cultivateur a intérêt d'en faire venir en plus grande abondance, de n'en pas laiffer perdre , afin de compenfer , par la quantité, la modicité du prix , & ne pas voir diminuer fes revenus. Mais cela fuppofe qu'il fçait fa denrée vendue , fes avances payées & fon travail récompenfé.

CHAPITRE XIV.

Des priviléges.

Laudato ingentia rura,

Exiguum colito,

Virg. Georg.

L A France s'est long-temps maintenue dans un état bien éprouvé & bien ferme de force réelle & relative, par son commerce intérieur, & par ses propres consommations.

C'est le plus sûr & le plus prompt de tous les débouchés. Il ne dépend d'aucune cause extérieure ; il n'est point assujetti ni aux caprices ni aux révolutions des autres pays ; il augmente sans cesse la culture & la population. Les terres

C vj

semble se multiplier avec les
habitans qui les partagent en-
tr'eux ; elles enrichissent &
rapportent davantage, à mesure qu'elles se divisent & se
sous-divisent en plus petites
portions. Un dégré de puissance, acquis par des conquêtes,
cause plus de jalousie que dix
dégrés d'une force bien plus
solide, acquis par cette insen-
sible progression.

Le commerce se faisoit d'u-
ne province à l'autre ; chaque
province avoit une industrie
particuliere, selon la nature
de ses productions & le génie
de ses habitans. Les provinces du midi abondent en vins
& en fruits ; celles du nord,,

en bleds. Les befoins mutuels,
la modicité des droits & des
impôts, animoient la circulation & applaniffoient les chemins.

La France avoit peu de
troupes, peu de monde occu-
pé dans les arts de pur agrément, dans le commerce étranger, dans les emplois de finance, dans la livrée, &c. Un
nombre prodigieux de peuple
habitoit les campagnes : les
uns cultivoient les denrées,
les autres les travailloient ;
une partie en faifoit le commerce dont j'ai parlé.

Il étoit difficile que ce commerce ne s'étendît point au
dehors. Il n'y avoit guére d'é-

tat voisin qui ne fût moins peuplé, moins fertile, ou le gouvernement fût si doux, & où
la culture & la main d'œuvre
ne coutât par conséquent davantage.

Sans entrer dans l'examen
des causes qui ne sont pas de
mon sujet, j'observerai les
changemens que les priviléges ont apporté dans ce commerce, tant intérieur qu'exté-
térieur, si peu brillant, mais
si avantageux.

Je parlerai d'abord des priviléges, qui ont commencé à
attirer l'industrie de la campagne dans les villes.

CHAPITRE XV.

Continuation.

On a voulu établir dans les grandes villes, & l'on croyoit alors qu'il n'étoit pas possible de les établir ailleurs, des manufactures de luxe, & des compagnies de commerce; à l'exemple des nations qui ont peu de terrein à cultiver, comme les Hollandois ; ou dont les cultures n'occupent que peu de monde, comme les nations qui ne peuvent recueillir que du bled,

Les nouveaux établissemens qu'on prend à cœur obtiennent aiſément tout ce qu'ils demandent. On accorda de grands priviléges pour les encourager.

L'Angleterre, alors attachée à ſes manufactures de laine, & à ſon commerce de réexportation, négligeoit la culture des terres, & toutes les autres munufactures. Elle avoit quelquefois beſoin de nos bleds, & toujours de nos vins, eaux de vie, huiles, fruits, ſoieries, toiles, &c. dont elle réexportoit une grande partie. Ce commerce étoit avantageux aux deux nations : mais ni l'une ni l'autre n'en a jugé ainſi. Nous en pourront parler dans la ſuite.

Il ne pouvoit subsister long-
temps avec les nouvelles
manufactures introduites des
deux côtés : tout commerce
exige que chaque pays se borne aux manufactures & aux
productions qui lui font propres : un pays qui ne veut rien
prendre ne peut long-temps
donner.

L'Angleterre s'est tournée
du côté de la culture, que nous
avons négligée à notre tour.
Elle a accablé de droits l'importation de nos denrées, jufqu'à celles que son climat lui
refuse. Le Portugal ne pouvant
lui en fournir affez, elle y a
envoyé des colons, François
réfugiés, pour y planter des

vignes, les cultiver, & faire des vins à la façon de ceux de France. Quelque rudes & grossiers que soient ces vins, en comparaison des nôtres, le peuple les boit avec un zéle national ; les Médecins, qui partout ont toujours décidé de la réputation des vins, ont dit que les nôtres n'étoient pas si salutaires & qu'ils donnoient la goutte. Tant, chez cette nation, tout conspire à la raison d'état, qui est pour eux d'affoiblir notre puissance.

Notre intention étoit bien, comme le dit ingénieusement Despréaux,

De frustrer nos voisins de ces tributs serviles
Que payoit à leur art le luxe de nos villes.

Mais nous avons fruftré nos compagnes des tributs de nos voifins qui nous dédommageoient avec ufure.

CHAPITRE XVI.

Continuation.

Priviléges des villes.

LES priviléges accordés aux compagnies de commerce & aux manufactures , ont du moins une apparence d'utilité; mais que peut-on dire en faveur de tant de priviléges abufifs , dont la plupart des grandes villes jouiffent paifiblement , par ufurpation ou par furprife ?

Toutes les villes ont une certaine tendance à s'aggrandir, une efpéce de force vigilante, fi j'ofe parler de la forte, qui fait qu'elles croiffent infenfiblement, & qu'elles s'étendent au-delà de leur enceinte : Comme les arbres & les forêts, elles font l'ornement de la campagne, & en dévorent la fubftance.

Il n'eft point de ville qui n'empiéte plus ou moins, felon fon pouvoir, fur le droit naturel des habitans de la campagne.

N'eft-ce pas une police deftructive, un véritable refte de barbarie parmi nous, que cette taxe arbitraire des denrées qu'on porte au marché? Que diroit-on, fi des officiers municipaux alloient dans les boutiques & dans les magazins taxer d'autorité le prix des marchandises ? Ont-ils plus de droit à l'un qu'à l'autre ? Il est certain que la taxe des denrées est aussi préjudiciable à la culture, que la taxe des marchandises le seroit au commerce.

Quelle différence de cette police grossiere à une police éclairée, qui procureroit l'abondance avec le bon marché, en ôtant toute sorte de gêne & de contrainte ?

Il n'est point de ville dont les habitans recueillent du vin, qui n'empêche, autant qu'elle peut l'empêcher, malgré le droit commun & l'utilité publique, l'entrée & la consom-

mation du vin des habitans de
la campagne.

L'artiſan, vexé par le bourgeois, achete des vignes pour
ne pas acheter du vin, au lieu
d'employer ſon argent à ſe
procurer les meilleures matieres & à faire valoir celles
qu'il trouveroit dans le pays:
il ſe détourne de ſa vacation,
qui lui rendroit davantage,
pour cultiver ſa vigne ; il
vexe le bourgeois à ſon tour.
Il achete ainſi le vin qu'il re-
cueille, mais il l'achete librement ; il parvient enfin à en
vendre dans les années abondantes; il tient cabaret, il
s'enyvre, & dans les années
de diſette il eſt à l'aumône.

CHAPITRE XVII.

Continuation.

Quod genus hoc hominum ? quæve hunc tàm
   barbara morem
Permittit patria ? Hoſpitio prohibemur arenæ:
Bella cient, primâque vetant conſiſtere terrâ !
                          Æneïd. l. 1 *, vers* 543.

Toutes les villes qui ont
des ports où l'on eſt obligé
d'amener les vins qu'on veut
vendre ou charger, & qui ont
des vignes dans leur territoi-
re, n'importe de quelle eſpéce, défendent l'entrée de leurs
ports à ces vins étrangers; ou
ſi elles n'ont pas le pouvoir
de les en exclure abſolument,
elles leur font eſſuyer toutes
les avaries qu'elles peuvent
imaginer.

La ville de Bergerac vou-
loit empêcher la deſcente des
vins du haut-pays de la Dordogne , ſur laquelle elle eſt
ſituée , juſqu'après noël. Elle
leur refuſoit en tout temps
l'entrée de ſon port & de ſes
magazins.

Le trouble du commerce
& de la navigation, l'obſtacle
oppoſé au cours d'une denrée
qui a un ſi grand beſoin d'ê-
tre accéléré , donnerent enfin
lieu à un procès. De part &
d'autre on produiſit des titres,
comme ſi le bien de l'état
& le droit naturel n'étoit
d'aucune conſidération. On y
eut pourtant égard. La ville
de Bergerac fut déchue de ſes
prétentions

prétentions, par un arrêt du conseil, donné à Fontaine-bleau le 4 septembre 1724, *& il fut permis aux habitans de la Barde & d'Issigéac, de faire descendre en tout temps & en toute saison les vins de leur cru, de les emmagaziner & enchar-ger aux ports de ladite ville de Bergerac, &c.*

La ville de Marseille étoit en possession immémoriale d'empêcher le transit des vins de la Provence ; mais les pro-cureurs de Provence ont enfin obtenu un arrêt de régle-ment, donné à Compiégne le 16 août 1740, par lequelle roi dérogeant à tous statuts, édits, lettres patentes, arrêts

Partie I.   D

*& autres réglemens à ce contrai-
res, permet de faire paſſer en
tranſit, dans la ville & port de
Marſeille, les vins du cru de Provence, pour y être embarqués, &c.*

CHAPITRE XVIII.

*Priviléges de la ville & séné-
chauſſée de Bordeaux, du
pays de Dordogne & du Languedoc; deſcente & cargaiſon des vins.*

La ville de Bordeaux, & toute ſa ſénéchauſſée qui s'étend
de S. Macaire, ſept grandes
lieues de Gaſcogne, au-deſſus
de Bordeaux juſqu'à Blaye;
tout ce qui eſt au-deſſous de

Blaye jufqu'à la mer ; tout ce
qui n'aboutit point au port de
Bordeaux , depuis les Pyrénées jufqu'à la Loire ; tout ce
qui eft fitué fur la Dordogne ,
ou à portée de cette riviere ;
la province entiere de Languedoc , qui charge fes vins
à Bordeaux ; tous ces pays
font priviligiés pour le commerce & exportation de leurs
vins, à l'exception de la haute
Guyenne. Comment la haute
Guyenne a-t'elle pu mériter
par aucun endroit une exclu-
fion fi finguliere & fi préjudiciable ?

Tous ces pays, excepté ceux
de la Dordogne & le Languedoc , chargent leurs vins en-

tous temps, à mesure que les
occasions se présentent : la
Dordogne charge les siens à
Libourne, & le Languedoc,
à Bordeaux même, dès la S.
Martin, le 11 de novembre.
Mais la haute Guyenne, qui
n'a d'autre port que celui de
Bordeaux, ne peut y amener
ses vins pour y être chargés,
que dans la saison où les cargaisons ne peuvent plus se faire, au cœur de l'hiver, après
les fêtes de noël, lorsque la
navigation du nord est fer-
mée, le débouquement de la
riviere très-dangereux ; lorfque les seuls Hollandois, osant
encore tenir la mer, se hazar-
dent, pour gagner un gros

frêt, à venir charger les vins
de cette malheureufe pro-
vince pour le compte des propriétaires, forcés de fe livrer
à eux, à la merci des flots &
des commiffionnaires de leur
pays. Ces vins retenus par les
glaces ou par les tempêtes,
reftent fouvent deux mois à
faire ce trajet ; ils font très-fu-
jets à être échoués, naufra-
gés, & prefque toujours
avariés. On peut juger s'ils
effuyent des coulages ; s'ils
peuvent être bons quand ils
arrivent en Hollande ; s'ils fe
vendent avantageufement, ar-
rivant après tous les autres ; fi
ce n'eft pas favorifer, par ce
retard couteux, le débit des

vins étrangers les moins à portée du commerce ; si ce n'est
pas augmenter de plus en plus
les cargaisons de ces vins
étrangers & diminuer les nôtres? Mais ce n'est qu'une partie des effets pernicieux de ces
priviléges ; nous en rappor-
terons bien d'autres dans la
suite.

Tous les vins qu'on dépo-
se au port de Bordeaux, pour
y être chargés, ne peuvent
y rester que jusqu'au huit de
septembre, à moins qu'ils ne
soient de la sénéchaussée. Ce
terme fatal expiré ; qu'on ait
pu les charger ou non, qu'ils
soient d'un grand prix ou de
peu de valeur, le commission-

naire ne peut les garder un jour de plus dans son chay, ni les faire descendre par la Garonne, il est obligé de les faire remonter jusqu'aux lieux d'où ils sont partis, si le propriétaire n'aime mieux les convertir en eaux de vie, sans quoi ces vins sont impitoyablement confisqués.

Ainsi, depuis le 8 septembre jusqu'après noël, c'est-à-dire, pendant quatre mois de l'année, les plus favorables pour les cargaisons, les vins de la haute Guyenne sont exclus du commerce ; ceux de la Dordogne & du Languedoc ne le sont du moins que pendant deux mois, depuis le

D iiij

même jour de septembre jusqu'à la S. Martin ; & pendant
ces deux mois les seuls vins
de la sénéchaussée, quoique
souvent gâtés, jouissent de la
faveur du commerce & detous
les abus d'une vente exclusive.
Pendant quatre mois les vins
de la haute Guyenne ne peuvent être envoyés dans aucun
pays, pas même dans nos colonies. La Hollande, comme
on l'a vu, tarde encore deux
mois à les avoir ; & ils n'ont
guere plus d'un mois dans toute l'année, pour pouvoir aller
dans le nord. Ne diroit-on
pas que le commerce des vins
de cette province est si défavantageux, qu'on ne doit le

permettre que le moins qu'il eſt poſſible ?

CHAPITRE XIX.

Continuation.

De la Jauge ou grandeur des Barriques.
Droits & frais de cargaiſon.

Un autre privilége de la ſénéchauſſée de Bordeaux, eſt d'avoir de grandes barriques, excluſivement à tout autre pays.

Les barriques de la haute Guyenne doivent être plus petites, au moins d'un cinquiéme ; cela a été réglé par divers arrêts de parlement.

Les droits se payent par tonneau, le tonneau valant quatre barriques ; & l'on n'a point égard à la jauge ou grandeur des barriques ; de sorte que les plus petites payent un droit aussi fort que les plus grandes.

Le fret se paye aussi par tonneau, sans avoir égard à la jauge ; le rabbatage, tirage, arrimage, chayage, commission, & tous les autres frais se payent de même par tonneau, sans rien diminuer pour la moindre grandeur des barriques.

Le tonneau de Bordeaux étant donc plus grand d'un cinquiéme, paye un cinquiéme de moins des droits & frais de cargaifon, commun à la grande & à la petite jauge.

Le propriétaire Bordelois épargne encore le fret des batteaux, la commiffion, le coulage, les droits d'entrées, & autres frais, auxquels la haute Guyenne eft expofée.

Ces divers objets forment une différence très-forte dans les avances des cargaifons, en faveur du propriétaire Bordelois.

S'il envoye fon vin en Bretagne, il gagne un cinquiéme fur les droits : celui de confommation va à 5 2 liv. 1 0 fols par barrique.

En Hollande, le même droit de confommation eft 3 1 florins, ou 62 liv. argent de France, par barrique.

Le fret pour l'Amérique étant confidérable, furtout en temps de guerre ; c'eft beau-coup de gagner un cinquiéme fur ce feul article. Voyez la note (*a*).

(*a*) Etat des frais d'un tonneau de vin de la Haute Guyenne vendu en Hollande.

Frais de Bordeaux.

Droit d'entrée.	16 l. 8 f.
Voiture.	7 l.
Marque de Ville.	5 f.
Droit d'iffue.	13 l. 4 f.
Chayage, entrée & fortie. .	1 l. 16 f.
Commiffion.	4 l.
Port à bord & arrimage. . .	1 l.
Rabbatage.	6 l.

En Hollande.

Fret, 9 florins.	18 l.
Droit d'entrée, paffeport, &c. 4 fl.	8 l.
Louage de bateaux, &c. 4 fl.	8 l.
Au tonnellier, 1 fl. ¼ f. . .	2 l.
Frais du Baffin, 6 fl.	12 l.
	28

De l'autre part , . . 98 l. 1 f.

Droit de confommation 124 fl.
par tonneau. . . . . 248 l.
_____

346 l. 1 f.
_____

Il faudroit ajouter ici le coulage qui fe fait
dans les batteaux qui portent ces vins à Bordeaux , dans une faifon fi mauvaife, où les avaries & les retardemens font fi ordinaires.

On ne comprend point encore dans cet
état , quantité d'autres menus frais qui fe font en
Hollande , & dont les comptes des commiffionnaires de ce pays-là font exceffivement chargés.

Etat des frais d'un tonneau de vin de Bordeaux.
vendu en Hollande.

Droit d'iffue. . . . . 23 l. 9 f.
Le même , déduit un $\frac{1}{5}$. . . . . 16 f.
Le même , déduit un $\frac{1}{5}$. . . . . 4 l. 16 f.
Le même , déduit un $\frac{1}{5}$. . . . . 14 l. 8 f.
Idem. . . . . 6 l. 8 f.
Idem. . . . . 6 l. 8 f.
Idem. . . . . 1 l. 18 f.
Idem. . . . . 9 l. 12 f.
Idem. . . . . 198 l. 8 f.
_____

266 l. 3 f.
_____

CHAPITRE XX.

Continuation.

IL y a un ftatut de la ville de Bordeaux , par lequel il eft défendu à tous fes négo-cians , fous peine d'être flé-tris , amendés & déchus du droit de bourgeoifie , d'a-cheter ni de charger les vins dont ils ont befoin pour leur commerce , fi ces vins ne font pas du cru de la fénéchauffée. Ce réglement a toujours été exécuté à la rigueur , quel-ques repréfentations que les négocians de Bordeaux ayent pu faire.

Quand un négociant veut

charger à Bordeaux du vin
qui n'eſt pas de la ſénéchauſ-
fée , il faut qu'il prenne ſes
meſures bien juſte pour que
ſon vaiſſeau ait fait voile &
ſe trouve hors de la priſé des
jurats dès que le 8 ſeptembre
eſt paſſé.

Un négociant de cette ville , nommé Peyre , en 1748 ,
avoit chargé pour l'Amérique
150 tonneaux de vin de Querci. Malheureuſement pour lui
ſon vaiſſeau reſta deux mois en
charge. Le 8 de ſeptembre
paſſé , les jurats envoyerent à
bord verbaliſer & ſaiſir ces
vins : procès devant les jurats : ſentence tout de ſuite ,
déclarant la ſaiſie bonne, avec

confifcation , amende , &c.
Enfin, par égard pour de puif-
fantes follicitations , le fieur
Peyre eût la main-levée de
fon vin faifi, moyennant 100 l.
par tonneau, & il ne lui en
couta que 15000 l.

_____

CHAPITRE XXI.

*Effets pernicieux de ces Privi-
léges.

Qu'on me permette de le dire, tous ces priviléges ont
caufé tant d'obftructions dans
le commerce de la Guyenne,
que tout un côté de cette province eft à la fin tombé en pa-
ralyfie.

On fe plaint aujourd'hui de
ce qu'il y a trop de vins ; mais
c'eft ce qui en favoriferoit la
circulation, fi elle étoit libre.

Voit-on dans l'Agenois ,
dans le Condomois, dans toute
la haute Guyenne , à la réferve de certains crus du
Querci qui avoient pris faveur ; voit-on, dis-je, dans
tous ces pays-là plus de vignes
qu'on n'en voyoit il y a deux
cent ans ?

C'eft dans les pays privilégiés, comme il étoit naturel ,
que les vignes fe font multipliées, & fe multiplient encore
tous les jours, & furtout du
mauvais cru. C'eft de là que
vient l'abondance la plus à

charge, qui eſt celle des mauvais vins, intrus par autorité &
par violence dans le commerce, à la place des bons.

C'eſt dans les pays privilégiés qu'on a abbatu tous les
bois, qu'on a planté en vignes les meilleurs fonds pour
le bled, pour le chanvre, les
prairies les plus graſſes, les
paluds marécageuſes de Bordeaux, enfin tout ce qui pouvoit produire la plus grande
quantité de mauvais vin.

Pouvoit-on s'attendre à autre choſe ? Eſt-il ſurprenant
que tant de priviléges accu-
mulés euſſent à la fin les con-
ſéquences les plus funeſtes du
monopole ?

On croira peut-être que pourvu que la même quantité d'exportation fe faffe, il eft in-different pour l'état, que ce foit des denrées d'un feul pays ou de plufieurs.

Mais cela ne peut être égal que pour les fermiers des droits. Qu'on faffe attention que la France manque de bois pour les plus communes né-ceffités ; qu'elle tire d'Angle-terre, d'Irlande, du Nord, pour des fommes immenfes de bœuf falé, de beurre, de fuif, de cuirs, de bois de conf-truction & de charpente, en-fin de chanvre & jufqu'à du bled. Il eft donc de l'intérêt de l'état, qui eft le même que celui du propriétaire, que ce propriétaire puiſſe mettre ſes fonds en valeur pour le plus grand profit qu'il en peut retirer ; ce qui arrivera toujours quand la circulation des denrées ſera libre. Les forêts ſeront rétablies : les fonds deſtinés à produire de mauvais vins ſeront rendus à la culture du bled & du chanvre & à la nourriture du bétail.

CHAPITRE XXII.
Ce qui ſeroit arrivé s'il n'y avoit pas eu de priviléges.

Si chaque pays n'avoit eu d'autres priviléges que ceux que la nature lui donne, on ne fe feroit attaché qu'à faire des vins excellens : l'émulation animant l'induftrie, on auroit prévenu le dégoût, & contenté jufqu'au caprice du confommateur étranger.

L'Éfpagne & l'Italie, qui font moins à portée du commerce, n'auroient pas fongé à augmenter leurs vignes, & la France fe feroit maintenue dans la poffeffion d'un commerce & d'une culture que pouvoient lui affurer pour toujours fon heureufe fituation & le nombre de fes habitans.

Le défrichement des bois n'auroit pas enchéri les barriques, la façon des eaux de vie; ni la dépopulation, la culture.

L'état auroit pu, ſans rien perdre, diminuer les droits, les ſupprimer, donner des récompenſes pour ouvrir de nouvelles routes au commerce & à la navigation; nos vins auroient déja pénétré juſqu'au fond du nord & nous auroient procuré une puiſſante marine. Nous parlerons de ce commerce.

CHAPITRE XXIII.

Origine de ces priviléges.

On ſe perſuadera aiſément que des priviléges ſi contraires au commerce, ont été accordés avant qu'il n'exiſtât ou

que ſes principes ne fuſſent
connus, & qu'ils devoient être
bornés à bien peu de choſe
dans leur origine.

En effet, le premier privilége accordé aux habitans de
Bordeaux par Edouard III,
ſe réduiſoit à empêcher dans
leur ville le débit du vin étranger.

Après la réunion de la
Guyenne, les Anglois tiroient
encore quelques tonneaux de
vin de cette province; c'étoit
là tout le commerce étranger,
Bordeaux le voulut faire en
ſeul; & comme l'objet parut
peu important, Louis XI étant
venu dans cette ville, n'eut
pas de peine à lui accorder

fa demande, par des lettres patentes qui portent que les vins d'au-deſſus de S. Macaire ne pourroient deſcendre devant Bordeaux qu'après noël.

Cependant les provinces de Bretagne & de Normandie, la haute Guyenne & le Languedoc ſe pourvurent contre ces lettres patentes. Les états de Tours, tenus ſous Charles VIII, eurent égard au droit naturel & à la liberté des ſujets ; ils déclarerent ſolemnellement que toutes les rivieres du royaume devoient être libres & navigables tous les temps de l'année.

Les choſes n'en reſterent pas là. Il y eut un grand procès

cès au conseil. Louis XII or-
donna que les vins pourroient
descendre dès la saint Martin
d'hyver, par un arrêt provi-
sionnel daté de Milan en
1499, qui fut exécuté la même année, non sans quelque
difficulté de la part des habitans de S. Macaire, ainsi qu'il
paroît par le verbal du com-
missaire de la cour.

Le Languedoc transigea sur
cet arrêt en 1500 ; les pays
de la Dordogne suivirent cet
exemple bientôt après. La
haute Guyenne, abandonnée
de tous ses alliés, se retrouve
encore aujourd'hui au même
point où elle étoit du temps de
Louis XI, quoique les choses

Partie I. E

aient bien changé. La décou-
verte de l'Amérique , les colonies que nous y avons éta-
blies pour favorifer le débit
de nos denrées , notre navigation & notre commerce ,
l'augmentation de ce com-
merce & fes principes mieux
connus , tant de débouchés
ouverts , celui de la Hollande
& des royaumes du nord ;
tout lui eft auffi inutile que
l'ont été jufqu'à préfent toutes
fes repréfentations.

Faut-il , pour affurer la liberté des chemins, attendre les
plaintes des voyageurs ? Les
droits d'afyle accordés aux
églifes étoient-ils moins fa-
crés ? Qui a ofé réclamer con-

tre de pareils priviléges ?
n'eft-ce pas la feule utilité publique qui les a fait abolir ?

CHAPITRE XXIV.

Des avances & du crédit.

L'AISANCE qui procure les
moyens, le crédit qui les mul-
tiplie, d'où dérive la faculté
de faire des avances, font auffi
néceffaires & auffi indifpen-
fables dans les entreprifes d'a-
griculture & d'économie,
que dans celles de commerce.

Le propriétaire n'a-t'il pas
de gros fonds dehors, expo-
fés peut-être à plus de
rifques, & moins à l'abri des

rifques, que ceux du négociant
qui peut fe faire affurer?

Si le propriétaire eft preffé
de vendre, ne vend-t'il pas à
perte, comme le négociant?
L'acheteur profite toujours du
befoin du vendeur.

Le propriétaire tire un
meilleur parti de fes denrées,
à proportion du crédit qu'il
peut donner au marchand qui
les exporte, à l'artifan qui les
manufacture, au fermier qui
les exploite, enfin à celui
qui les confomme. Et ceux-ci
paient toujours un moindre
bénéfice pour un crédit quel-
conque en denrées qu'en argent, la garde de l'argent
étant facile, & celle des den-

rées difpendieufe & embar-
raffante.

Le commerce de cette pro-
vince avec l'Amérique doit
fa naiffance à l'affranchiffe-
ment des droits , & fa vi-
gueur au crédit. Les armateurs achetent à neuf mois de
crédit les vins & les farines , qui font le principal objet de leurs cargaifons.

Avant l'entrepôt établi par
les lettres patentes de 1717,
à peine fortoit-il du port de
Bordeaux trois ou quatre vaiffeaux armés pour les ifles de
l'Amérique; on en a vu près de
quatre cent avant la derniere
guerre , la plupart conftruits
fur les chantiers de Bordeaux.

Ce commerce avoit beau-coup repris depuis la paix.

Nous dirons dans la suite combien on doit defirer un pareil entrepôt pour les den-rées de France qui vont dans le nord.

Les taxes font à l'agri-culteur ce que les droits font au négociant. Nous parlerons des taxes en particulier, & de plufieurs entreprifes écono-miques.

Le grand inconvénient des taxes & des droits, eft leur incompatibilité avec toute efpece de crédit.

Ainfi, quand un état vou-dra encourager l'agriculture, le commerce, la navigation,

&c, il doit commencer par affranchir de ces impofitions les entreprifes dont on peut efpérer des augmentations confidérables. L'état n'eft pas moins obligé que les particuliers à faire des avances, & à donner du crédit.

CHAPITRE XXV.

Des fonds qu'on pourroit mettre en valeur. De ceux que les eaux gâtent. De la Garonne.

IL y a plufieurs grandes rivieres dans la Guyenne, & un nombre étonnant de petites rivieres & deruiffeaux. Le

nom d'Aquitaine eft venu de-
là (*Aquitania , ab aquis*).

Ces eaux ravagent prefque
tous les ans cette partie de la
province qu'on appelle la
haute Guyenne, dont le terrein eft plus élevé, plus en
pente, & plus près des montagnes; dans le temps que ces
mêmes eaux, bien ménagées,
pourroient l'enrichir.

Le voifinage des Pyrénées,
des Cévennes, des montagnes
d'Auvergne , & des deux
mers, joint à la chaleur du
climat, occafionne fréquem-
ment, furtout dans le prin-
temps & dans l'été, de groffes pluies d'orage , & des
fontes fubites de neige.

Les lits des ruiſſeaux ſont partout trop étroits, mal entretenus, comblés, remplis d'arbres & de buiſſons; les bords des rivieres mal entretenus auſſi, mal défendus; ceux de la Garonne particuliérement, où le ſoin ſeroit le plus à deſirer, parce que cette riviere en deviendroit plus navigable.

On peut obſerver en général, que les bords des rivieres & des ruiſſeaux ſont toujours plus élevés que le reſte de la plaine ou du vallon, à cauſe des couches de limon & de ſable que les eaux y dépoſent ſucceſſivement.

Cette obſervation fournit

E v

un moyen très-fimple de prévenir les ravages que ces débordemens des rivieres font
dans les plaines.

Au lieu de levées, qui font
très-coûteufes, & très-fujettes
à crever & à fe rompre, on
s'eft avifé depuis quelque
temps en Italie, le long de
l'Arne, d'élargir confidéra-
blement le lit des ruiffeaux
qui aboutiffent à cette riviere.
Les groffes eaux, dans les crues
fubites, ne franchiffent plus
les bords : elles entrent dans
ces canaux, & fe partagent
ainfi d'elles-mêmes, à mefure
qu'elles viennent : fi elles
inondent ces terres, ce n'eft
qu'en remontant pour ainfi di-

re, & alors, elles n'y laiſſent,
èn ſe retirant, qu'un limon
fort gras.

Cette réparation ſeroit fort
aiſée à faire le long de la Garonne, qui reçoit quantité de
ruiſſeaux à peu de diſtance
l'un de l'autre, qu'il ne ſeroit
pas néceſſaire d'élargir beaucoup par cette raiſon, ſur-
tout ſi l'on faiſoit une autre
réparation plus aiſée encore,
dont on va parler.

Il faut obſerver que les rivieres n'ont pas naturellement de lit : Elles ſe répan-
dent à l'aventure, dans les
plaines inhabitées. Mais quand
elles coulent entre deux bancs
qui ſont par-tout au même

niveau , en quoi on fent
bien que la difpofition acci-
dentelle du terrein doit être
aidée par l'induftrie des hommes, elles entraînent le fable
& les graviers qui embarraf-
fent leur cours, & fe creufent
peu à peu un fort bon lit, s'il
n'y a pas de rochers ou d'autres obftacles, à quoi il n'eft
pas difficile de remédier.

Les bancs qui forment des
deux côtés les rivages de la
Garonne & de la plupart de
nos rivieres dans les plaines,
font un peu plus élevés, comme on l'a dit, & affez au même niveau partout, à l'exception de quelques endroits où
ces bancs paroiffent interrom-

pus par des bréches plus ou
moins grandes. Ces bréches
font caufées par les eaux mêmes de la riviere, qui fappent
les couches de fable fur lef-
quelles celles de limon font
ordinairement pofées. Les
eaux qui fe débordent latéra-
lement par ces ouvertures,
font de courans rapides, ra-
clent les guérêts, ou les cou-
vre de fable ftérile & de cail-
loux, quelquefois à la hauteur
de quatre pieds.

On parviendroit aifément
& à peu de frais, à combler
ces bréches, foit par de petites levées qui rétabliroien le
le niveau des bancs, quand
l'interruption ne feroit pas

confidérable; foit par des plantations de jettins, qui donnent
du revenu, & payent bientôt
les avances. On feroit donc l'a-
vantage des riverains de toutes façons, fi on les obligeoit
à planter des jettins, garnis de
bons pieux & de fortes naffes,
non feulement dans les bréches déja faites, mais pour
empêcher qu'il ne s'en faffe de
nouvelles, & pour défendre
leur terrein. Mais comme il y a
toujours des particuliers qui
ne font pas en état d'en faire
la dépenfe, ou d'en avoir la
conduite, un fyndic nommé,
qui en auroit l'infpection,
pourroit en faire les avances,
de concert avec les autres ri-

verains , qui s'obligeroient à
le rembourfer. Il y a peu de
chofe à obferver dans ces
plantations ; tout l'art confifte
à ne point gêner le courant,
& que les naffes faffent avec
le fil de l'eau un angle peu fen-
fible.

CHAPITRE XXVI.

Continuation.

Des ravines.

POUR éviter les ravines dans
les terreins en pente , il y a un
moyen facile que les œcono-
mes aifés ne manquent pas de
pratiquer.

C'eſt de faire de diſtance en diſtance , tant que la pente dure, des excavations & des conduites , qui partagent les eaux des groſſes pluies , leur donnent le temps de s'écouler, & les détournent à droite & à gauche dans les foſſés. Cette dépenſe une fois faite, il n'eſt plus queſtion que de l'entretien. Mais pour toutes ces réparations il faut des hommes & un peu d'aiſance ; au moyen de quoi , dans des pays cultivés , on pourroit garantir des ravines une grande étendue de terrein, & prévenir les débordemens des ruiſſeaux, en ôtant la cauſe qui les produit. Rien de plus difficile que d'oppoſer des digues à la violence des torrens ; rien de plus aifé que de les empêcher de fe former.

Cela donneroit des foins en abondance , dans une province qui en manque fouvent, & beaucoup de nourriffages ; car tous ces ruiffeaux font bordés de belles & bonnes prairies. On fuppofe qu'ils fuffent bien entretenus.

CHAPITRE XXVII.

Continuation.

IL feroit à fouhaiter qu'on pût mettre à profit, & conferver jufqu'aux temps de fécherefle, ces eaux furabondantes, qui font de vraies richeffes perdues.

Quoique le projet qui en a été donné dans le journal économique , ne foit peut-être pas ce qu'il y a de mieux à faire pour y parvenir , on ne peut nier que l'idée n'en foit très-belle ; & qu'au lieu de la rejetter fans examen , comme chimérique , il ne fût plus digne de ce fiécle ingé-nieux de trouver les moyens de l'exécuter. On eft venu à bout d'entreprifes plus diffi-ciles dans des fiécles & dans des pays que nous regardons comme barbares.

CHAPITRE XXVIII.

Continuation.

Dans les montagnes des Pyrénées, il y a des mines d'or, à ce qu'on prétend avec affez de vraifemblance. Il y en a d'argent & de cuivre. Un négociant de Bayonne en a retrouvé une qui avoit été ouverte anciennement, & qui commence à lui rendre beaucoup. Il y a de très-belles carrieres de marbre, d'ardoife, & fans doute mille richeffes cachées.

Dans les vallées, du côté de la France, il y a d'autres

richeſſes encore plus précieu-
ſes , qui ſont preſque auſſi
utiles. Je n'ai vu nulle part de
ſi excellens pâturages. Quelle
différence de ceux qu'on voit
en Hollande, en Angleterre,
& dans tous ces pays vers le
nord, qui donnent de ſi grands
revenus ! Les plantes, dans ces
climats chauds , arroſées par
des eaux toujours pures, re-
çoivent toute la perfection
dont chaque eſpéce eſt ſuſ-
ceptible. Tous les laitages y
ſont délicieux. Il y a des ca-
ves ſous des rochers glacés ,
ou la crême ſe forme ſi vîte,
qu'elle n'a pas le temps de
contracter un mauvais goût.
Il ne manque aux habitans

qu'un peu d'induſtrie Hollan-
doiſe, pour faire du beurre &
du fromage au-deſſus de tout
ce qui nous vient d'ailleurs.
Ce feroit un objet de commerce très-intéreſſant.

Ils auroient des lins plus
beaux & meilleurs que les lins
de Flandres & de l'Egypte même, les eaux les plus claires du
monde & les roſées les plus
abondantes pour les préparer.
Des eaux ſi vives leur ſervi-
roient à mille uſages, pour épargner le travail des hommes.

Ce n'eſt que depuis peu
qu'on commence à fabriquer
dans le Béarn, avec les lins
dont je parle, des mouchoirs
d'une beauté furprenante &

qui ont un grand débit. N'en
auroient-ils pas davantage,
s'ils s'établiſſoit plus de mé-
tiers, & que le prix en dimi-
nuât ? Ne pourroit-on pas employer ce beau lin à beaucoup
d'uſages ? à des toiles, par
exemple, dont on multiplie-
roit la main d'œuvre en permettant de les peindre à la
façon des indiennes ? Ces
fils qu'on pourroit blanchir
dans la plus grande perfection
prendroient le plus beau teint
& les couleurs les plus vives.
Il ne faudroit qu'attirer l'induſtrie avec le peuple dans ces
montagnes, par un peu de liberté, & ſur tout par celle
qu'ils deſirent davantage.

CHAPITRE XXIX.

Du Chanvre.

ON convient que le chanvre des pays chauds eſt ſans comparaiſon meilleur & plus eſtimé que celui des pays froids.

Suivant les diverſes épreuves qu'on a faites à Breſt & à Rochefort, le chanvre de la Guyenne a été trouvé plus fort pour les cordages que celui de Riga.

Il eſt ſurprenant que la France ait beſoin de chanvre étranger. Pour peu qu'on en voulût favoriſer la culture dans cette province, où on l'entend très-bien, & dans beaucoup d'autres endroits où il pourroitvenir, on en recueilleroit bien-tôt au-delà des befoins du royaume.

Le gouvernement n'auroit autre chofe à faire qu'à mettre un droit un peu plus fort fur l'entrée du chanvre étranger. Le chanvre du pays prendra faveur tout de fuite ; & cela fuffit pouren étendre la culture autant qu'on voudra & pour en faire tomber le prix de lui-même ; parce que fi le culti-vateur vouloit le tenir trop haut, le commerçant trouve-roit mieux fon compte à le ti-rer du nord, malgré le droit d'entrée. Alors le prix revien-

droit

droit au niveau & même au-
deſſous. Mais le cultivateur
qui eſt obligé de faire de grandes avances pour cette culture, ne ſongera point à l'augmenter, tandis que le chanvre
étranger l'empêchera de vendre le ſien, ou qu'il le croira.

Rien ne pouvoit faire plus
de tort à la culture du chanvre,
que de le taxer comme on a
fait quelquefois. On croyoit
favoriſer pour le moment le
commerce & la navigation,
& l'on ne ſongeoit point que
leur intérêt eſt lié à celui de
la culture.

Si le commerce veut avoir
les denrées à bon marché, il

Partie I.   F

faut qu'il commence par les
acheter cher.

On a parlé souvent de tranf-
porter la culture du chanvre
dans les colonies, & de l'interdire en France. Si ce projet, peu vraifemblable, avoit
lieu, on dégraderoit plus cette
province qu'on n'augmenteroit les colonies ; & ce feroit
à pure perte pour la navigation, qu'on dépeupleroit un
pays qui lui fournit, avec ce
même chanvre, les vins, les
farines & tant d'autres chofes
utiles.

CHAPITRE XXX.

Continuation.

J'AI dit qu'on entendoit parfaitement la culture du chanvre dans cette province ; mais je n'en dirai pas autant de la maniere dont on le prépare : elle eſt encore fort éloignée de la perfection.

C'eſt ce qui fait valoir le chanvre du nord, quoique moins bon ; parce qu'étant mieux préparé, on y trouve moins de déchet en le filant.

Je parle ici de la feconde façon que lui donnent les payſans. On ſçait que la pre-

micre de toutes eſt de le
rouïr : ils y ſont très-experts
& très-attentifs. On les voit
quelquefois ſortir de l'aire où
ils battent le bled, & ſe mettre dans l'eau, tout ſuans,
pour en tirer le chanvre,
quand ils le jugent aſſez rouï.
Mais ils négligent la ſeconde
façon, qui conſiſte, dans ce
pays, à le broyer & à le rendre net, c'eſt-à-dire, à n'y
laiſſer ni chenevotes, ni aucun corps étranger. C'eſt ce
que les payſans ne font pas
avec ſoin : ils n'y veulent pas
mettre le temps : mais auſſi,
d'un autre côté, les marchands
n'y veulent pas mettre le prix,
croyant qu'il eſt plus de leur

intérêt de le faire baisser que
hausser. Je n'ai jamais pu les
engager à donner 30 sols de
plus pour le chanvre le plus
net, & le mieux travaillé. Les
cordiers, les fileurs, les pei-
gneurs, &c, en donnent toujours un écu de plus que les
marchands; & par ce moyen
ils l'ont comme ils le desirent.
Mais les artisans n'achetent
que de petites parties : d'ailleurs on pourroit encore le
préparer beaucoup mieux.

On pourroit le rendre pres-
qu'aussi fin & aussi doux que la
soie, & en faire d'aussi belles toiles qu'avec le lin. On
prétend même que le linge en
seroit plus sain & d'un meilleur usage.   F iij

Il n'y auroit pour cela qu'à tiller le chanvre au lieu de le broyer ; ce qui épargneroit une fatigue incroyable , & occuperoit les enfans & les vieillards inutiles, ſans compter qu'il y auroit moins de déchet. Il faudroit enſuite le battre avec l'eſpade , ou un maillet , dans une eau courante , & le laver ſoigneuſement. Cette opération eſt fort bien détaillée dans un mémoire qui m'a été communiqué ; elle eſt ſimple & facile. Les eſſais qui étoient joints à ce mémoire, en brin, en étoupe , & en fil, ont paru admirables à nos chanvriers. Ils diſent tous qu'avec du chan-

vre du pays, on réuſſiroit encore mieux : mais je n'oſerois
aſſurer qu'ils en faſſent l'é-
preuve, quoique pluſieurs me
l'ont promis. L'étoupe cardée
en eſt ſi molle & ſi douce,
qu'on en feroit de très-bons
matelats pour les équipages.

La ſeule émulation peut
perfectionner les arts : Qu'il
feroit facile de l'exciter parmi les peuples de cette Province ! Peut-être auroit-on
déja mis en œuvre ce puiſſant
reſſort, ſi l'agriculture avoit
attiré toute l'attention qu'elle
mérite ; ſi jettant enfin les
yeux ſur ces hommes qui travaillent la terre, on eût bien
voulu voir que ce ne ſont

plus des efclaves uniquement fenfibles à la crainte des châtimens ; qu'ils ont des fentimens d'honneur ; qu'ils fe piquent d'entendre leur métier ; & qu'ils l'aimeroient, fi l'on vouloit. C'eft de toutes les profeffions celle qui attache le plus.

Je penfe qu'il y auroit peu de prix auffi utiles , parmi ce grand nombre qu'on en a établi partout, qu'un prix de 20 piftoles, que meffieurs les intendans fe chargeroient, fans doute avec plaifir, de donner tous les ans eux - mêmes à celui qui auroit le mieux préparé un quintal de chanvre, au jugement des plus habiles cordiers & chanvriers.

Il feroit encore plus avantageux de propofer deux différens prix , mais tous deux
égaux , & de vingt-piftoles
chacun, pour les deux différentes préparations dont on a
parlé , qui font également utiles, felon les divers ufages à
quoi on veut employer le
chanvre.

Quand on l'emploie pour
les cordages, il eft certaine-
ment meilleur s'il eft broyé;
les cordages en font plus forts,
& durent davantage. Il y a un
peu plus de déchet & de peine
pour les ouvriers ; mais il y a
plufieurs raifons effentielles
pour ne point abandonner

F v

cette façon , furtout dans les premieres années.

Le chanvre tillé eft plus propre à faire des toiles, comme nous l'avons obfervé, & à d'autres ufages ; il feroit à defirer qu'une partie du chanvre de cette province fe travaillât ainfi.

On pourroit donc donner l'un de ces prix au payfan qui produiroit un quintal de chanvre broyé, qui feroit déclaré le mieux préparé , après avoir été examiné par trois cordiers intelligens.

L'autre prix feroit adjugé au payfan qui produiroit un quintal de chanvre tillé , le mieux battu, lavé & nettoyé,

au jugement de trois chanvriers pareillement habiles &
connoisseurs.

Il faudroit que ces juges ne
pussent point être suspects de
faveur ou d'ignorance , les
paysans étant naturellement
soupçonneux ; mais je crois
que les précautions qu'on
prend pour les prix des aca-
démies , seroient suffisantes.
On attacheroit une étiquette
à chaque ballot de chanvre,
& un billet cacheté conte-
nant le nom & la demeure des
concurrens, lequel billet ne
feroit ouvert que pour sçavoir
le nom de celui qui auroit
remporté le prix : L'assemblée
où se feroit la distribution des

prix, devroit être publique, & avoir quelque folemnité. Il feroit bon que le commiffaire de la marine y affiftât, & qu'on y appellât les directeurs & infpecteurs des manufactures qui fe trouveroient à portée.

Comme les payfans trop éloignés auroient peine à fe rendre dans la capitale de la province pour recevoir le prix, meffieurs les intendans pourroient donner ordre aux confuls de faire venir à l'hôtel de ville, la communauté affemblée, le payfan qui l'auroit mérité, auquel ils le donneroient publiquement.

Et afin que chaque payfan

eût connoiffance de cet établiffement, on feroit afficher
à la porte des églifes de pa-
roiffes une efpece de pro-
gramme imprimé, dont il feroit envoyé plufieurs exem-
plaires aux confuls avec une
inftruction détaillée, au moyen
de laquelle on expliqueroit
aux payfans les conditions
qu'on exige dans ces deux
différentes opérations, furtout par rapport au chanvre
tillé ; & le temps fini pour
l'examen, on les exhorteroit
à travailler en conféquence,
en leur faifant fentir le profit,
l'honneur & la protection
qu'il dépendroit d'eux d'ac-
quérir. Il n'y auroit à cela au-

cune peine, fi ce n'eft peut-être la premiere année.

On ne propofe pas de plus grands prix, ni pour des quantités plus confidérables; 1°. afin qu'on ne foit pas en peine de trouver des fonds; 2°. afin que tous les payfans puiffent plus facilement concourir. C'eft pour eux que cet établiffement fe doit faire, c'eft la partie du peuple qui a le plus befoin d'encouragement.

CHAPITRE XXXI.

Continuation.

LA culture du chanvre augmentera par ces divers

moyens, non feulement dans cette province, mais dans les autres, & dans peu d'années : au lieu d'en tirer de l'étranger, nous en vendrons au dehors.

Mais il faudroit, ce me femble, commencer par rendre les récoltes moins cafuelles, en faifant d'abord les réparations dont nous avons parlé, & furtout le long de la Garonne & du Lot, dans les plaines qui font fi propres pour le chanvre, où l'on en feroit venir une prodigieufe quantité.

Les avances & les frais de cette culture font très-confidérables dans les meilleurs fonds ; & ces fonds font trop fujets à être gâtés par les eaux, & trop chargés d'impofitions, comme nous le dirons ailleurs.

Quel eft l'économe, quand il feroit en état de fournir à ces avances, qui voudra rifquer de perdre plufieurs récoltes de fuite, à moins qu'il ne foit affuré qu'une feule qui réuffira le dédommagera amplement ? Mais comment pourra-t'il l'efpérer, & encore moins y compter, fi l'on n'y met pas un droit fur le chanvre du nord, s'il y a des taxes à craindre fur celui du pays, fi les eaux peuvent détériorer fes fonds & les rendre inutiles?

Par quel fecret a-t'on augmenté la culture du bled en Angleterre ? n'eſt-ce pas en aſſûrant le profit du cultiva-teur?

CHAPITRE XXXII.

Que les cultures qui occupent un plus grand nombre d'ouvriers ſont les plus utiles.

Sı c'eſt une vérité reconnue à l'égard des manufactures, pourquoi n'en ſeroit-il pas de même à l'égard des cultures ?

Les hommes que ces tra-vaux pénibles endurciſſent à la fatigue, ſont-ils d'un moin-dre prix ?

Mais la culture du bled eſt

celle qui occupe le moins
d'hommes ; cependant elle eft
la plus importante.

Les cultures dont il eft ici
queftion en rendent davantage & la favorifent en cela,
puifque le grand nombre d'ouvriers qu'elles occupent augmente la confommation. Elles
ne diminuent point ou ne doivent jamais diminuer la culture du bled.

Le chanvre fe cultive alter-
nativement avec le bled, il en
étoit ainfi du tabac : ces deux
cultures, furtout la derniere,
augmentent celle du bled, par
les engrais & les façons qu'on
donne à la terre.

La vigne ne prend rien fur

le bled dans les pays non privilégiés ; elle ne croît que fur
des côteaux arides , inutiles à
toute autre production.

Si dans les pays privilégiés
on a mis en vignes des terres
labourables, c'eſt, comme on
l'a vu , la fuite inévitable du
monopole ; fi l'on ne fait pas
venir dix fois plus de bled
qu'il n'en faut pour la confommation du royaume , c'eſt
parce que le bled ne circule
pas librement, qu'il n'y a point
aſſez d'exportation , ni de
confommation , par confé-
quent pas aſſez d'autres cultures ; c'eſt parce que le bled ne
fe vend pas, & que dès qu'il
fe vend un peu , on prend l'al-

larme , & on en fait venir de
dehors.

CHAPITRE XXXIII.

Des vignes.

ON auroit pu , il n'y a pas
long - temps , appliquer à la
culture des vignes de cette
province , ce que Caton di-
foit de quelques vignes d'Italie : *Non maria plus conferre
mercatori , non in rubrum littus,
indicumve, merces petitas, quàm
fedulum ruris larem* *.

Il eſt impoſſible d'imaginer , ſans entrer dans le détail,
les avantages de cette culture,

* Pline, l. 14. ch. 4.

& la quantité d'hommes à qui elle fournit du travail & de l'emploi.

Pour éviter la longueur ennuyeufe des détails, & ne rien avancer dont je ne fois très-certain, je me bornerai à une partie de la province.

On compte en général, dans la haute Guyenne, qu'un arpent de vigne du meilleur fonds, peut produire un tonneau de vin *marchand* : c'eft ainfi qu'on appelle le vin qui fe charge pour l'Amérique & pour la Hollande, & qu'on chargeoit autrefois pour la Bretagne, la Normandie, les côtes de Picardie & de Flandres, & pour le nord.

On donne à un arpent de vigne trois façons de bèches ; j'en ai vu donner quatre.

Premiere façon, douze manœu-   livᵣ
vres, nourriture ou ſalaire. 12
2ᶜ. façon, 8 manœuvres. 8
3ᵉ· façon, 4 manœuvres. 4
Pour tailler la vigne. 4
Pour épamprer & lier la vigne. . . 2

En tout pour les frais ci-deſſus. . . . . 30 l.

Les barriques coûtent de 6 liv. 10 ſols à 7 liv. piéce : quatre barri-ques font un tonneau.On compte pour les frais de vendanges , & pour les barriques,autant que pour les autres frais ; cela va au-delà : Mettons autant, ci . . . . 30 l.
_____
60 l.

Ci contre . . . . 60 l.

Le vin recueilli & logé, revient donc au propriétaire à 60 liv. le tonneau, ou 15 liv. la barrique ; encore nous n'y avons pas compris les charges des biens , dont nous parlerons ailleurs, ni les réparations ordinaires & extraordinaires des preſſoirs , cuviers , &c, & des vignes même, qu'il faut renouveller de temps en temps.

Voyons maintenant ce que coûte ce tonneau de vin , quand on le veut charger pour la Hollande.

liv. c's,

Des autres parts. . 60

Par exemple :

Au tonnellier, pour le 1. f.
   rabbattie. . . . 6
Au battellier , pour le
   conduire à Bor-
   deaux (*a*). . . . 7
Au commiffionnaire qui
   le reçoit, pour fa commiffion feulement. . 4
Chayage , port à bord,
   & arrimage. . . 3
Droits d'ent. & d'iffue,
   à la Douane. . . 29 12
Droit de marque pour la
   ville. 5
Fret qu'on paye aux
   vaiffeaux Hollandois,
   & qui devroit être
   payé aux nôtres ; par-
   tant qui reviendroit à
   notre commerce , ci. 18

67 17

TOTAL. 127 17

(*a*) On fuppofe une diftance moyenne : il en
coûte moins plus près, & davantage plus loin
de Bordeaux.

Voilà

Voilà donc 127 liv. 17 f.
d'argent étranger, qui revient
ou devroit revenir au roi &
à fes fujets, journaliers, artifans , négocians , naviga-
teurs, &c. par chaque tonneau
de vin, & par chaque arpent
de vigne; ce qui eft très-re-
marquable dans une province
fort éloignée : fans compter
que cet argent répandu dans
un pays pauvre & peuplé, fa-
cilite le recouvrement des autres impofitions, & diminue
les non-valeurs : fans compter
encore ce qui doit revenir au
propriétaire.

Il faut bien que le propriétaire, pour faire valoir cette
mine abondante, bientôt auffi

Partie I. G

inutile que celles qui font encore cachées dans le fein de la
terre, ait de quoi fournir à fes
avances ; de quoi payer fa taille, fa capitation, fon vingtié-
me ; de quoi s'entretenir, &
entretenir fa famille.

Il faut donc que ce tonneau
de vin, que nous avons fuppofé chargé pour la Hollande,
rendu au lieu de fa deftination,
où il a encore d'autres frais à
fupporter, avaries, coulages,
droits, affurance, commiffion, &c. pour qu'il y ait quelque chofe de quitte, rapporte
au-delà de tous ces frais. Mais
depuis trois ou quatre ans, le
prix des vins a tellement baif-
fé en Hollande, que le pro-

priétaire, outre la perte de fes
avances & de fa récolte, a été
obligé d'y envoyer de l'argent. Nous parlerons tout-à-
l'heure de cette révolution.

CHAPITRE XXXIV.

Continuation.

CETTE culture en avoit
produit une autre très-utile
de plufieurs efpéces de bois;
celui dont on fait les cerceaux, celui dont on les lie,
celui dont on foutient la vigne.

On défend les bords des
rivieres par des jettins; on
feme de la graine de pin dans

des sables stériles ; on fait venir des châtaigniers dans des terres qui ne peuvent servir à autre chose ; on a de l'osier, & jusqu'à des joncs & des roseaux dans les marais, parce que tout cela sert pour la culture des vignes.

Il faut des ouvriers, outre ceux des barriques, pour préparer le merrain & les cerceaux grands & petits. Il y a des marchands pour le commerce de toutes ces choses : il y a des voituriers qui vont les chercher dans les lieux les plus éloignés. Le merrain levé & préparé se transporte aisément : une forêt inaccessible se détaille.

CHAPITRE XXXV.

Continuation.

ON ne fentira que par une entiere privation, tout le prix & toute l'étendue des biens dont nous n'avons pas fçu profiter.

Suppofons pour un moment, ce qui n'eft que trop à craindre, que la culture des vignes ne puiffe plus fe foutenir : ces fonds dont je viens de parler ne feroient d'aucune valeur. Les arbres périroient inutilement dans les feules forêts qui nous reftent. Les côteaux des provinces méridio-

nales, brûlés du soleil, livrés
fans défenfe au ravage des
eaux , n'offriroient que des
rochers tout nuds , ou des fri-
ches ftériles : On verroit ailleurs des vacans , des bois,
quelques troupeaux, des cultures en petite quantité, qui
occuperoient peu de monde :
le refte , fans occupation,
iroit en chercher dans d'autres pays.

La population eft toujours
en raifon du terrein cultivé ;
& dans un terrein cultivé, en
raifon de la quantité d'hommes néceffaires à la culture.

Ainfi un pays de vignes &
de tabac eft plus peuplé qu'un
pays de chanvre ; celui-ci,

plus qu'un pays où l'on ne
cultive que le bled ; & ce dernier, plus qu'un pays de nourriffages.

CHAPITRE XXXVI.

Continuation.

D'AUTRES caufes (& aucu-
ne ne doit échapper à l'amour
du bien public) peuvent con-
tribuer à la population dans
les pays de vignes.

Le peuple y eft plus gai,
plus porté au mariage, moins
fujet aux maladies populaires,
furtout à cette maladie deftructive qu'on remarque en
d'autres pays, & qui n'eft pas,

à beaucoup près, particuliere à l'Angleterre.

Le suicide n'eſt pas plus rare en Allemagne, du moins parmi le petit peuple. » J'y ai » vu, dit l'auteur d'un très- » bon mémoire (*a*), dans une » aſſez petite ville, juſqu'à » vingt perſonnes qui ſe ſont » défaites elles-mêmes, dans » l'eſpace d'une année. Le » déſeſpoir produit par la mi- » ſere peut bien avoir oc- » caſionné quelques-unes de » ces morts; mais la plupart » venoient de ce fonds de triſ- » teſſe & de mélancolie, qui » ſemble affecter tous les peu- » ples du nord. »

(*a*) Journal économique, octobre 1754.

Si cette maladie ne porte pas toujours au fuicide, on conviendra du moins qu'elle n'eft pas favorable à la population.

La culture la plus gaie, quoique la plus pénible, eft celle de la vigne. L'abondance des fruits & des boiffons à l'ufage du peuple, qu'elle fournit prefque pour rien, le refont des travaux de l'été, & & lui épargnent beaucoup de maladies. Un fameux médecin (a) attribue en partie à l'interdiction du vin, les ravages que font tous les ans dans les états du grand-fei-

(a) Le docteur Pringle; *obfervat. on the difeafe of the army*.

G v

gneur, la pefte, la petite vérole & les fiévres malignes. Il
eft certain que la pefte n'a jamais été fort dangereufe, &
que la petite vérole ne l'eft pas
du tout dans cette province.

On remarque qu'il n'y a
de maladies que pendant la
difette des fruits.

CHAPITRE XXXVII.

*Avantages de la Guyenne pour
cette culture.*

En parcourant les pays où
croît la vigne, à mefure qu'on
avance vers les climats plus
froids, on trouve dans les vins
plus de délicateffe, mais moins
de corps & de force ; en allant

au contraire vers les climats plus chauds, on trouvera dans les vins moins de délicatesse & plus de corps. Ceux-ci forcés par la chaleur font rudes, grossiers, violens, sujets à aigrir. Ceux-là atteignent rarement un dégré suffisant de maturité.

On a remarqué que tous les crûs renommés font compris entre les 40ᵉ & 50ᵉ dégrés de latitude (*a*).

Les vins de la Guyenne, située à peu près au milieu, entre ces parallèles, tiennent de même un jufte milieu entre les vins des pays chauds & ceux

(*a*) Voyez la diff ertation du fameux Frederic Hoffman, fur les vins de Tocaye.

G vj

des pays froids. Ils peuvent
avoir, fi on les fait bien, les
qualités qu'on recherche, &
n'avoir pas les défauts qui dé-
plaifent dans les uns & dans
les autres.

On a encore obfervé (*a*)
que les vignobles où croît
le meilleur vin, font fitués fur
le penchant des collines, qui
ont la vue fur des plaines arro-
fées par des rivieres. On prétend que le raifin y eft toujours
mieux conditionné.

C'eft l'expofition de la plupart des vignobles de cette
province. Il en réfulte d'autres avantages, par rapport
au commerce.

(a) Même differt. de Fred. Hoffmann fur les
vins de Tocaye.

Les vins defcendent par ces rivieres dans la Garonne, & par la Garonne au port de Bordeaux. Cela rend les cargaifons plus faciles, plus expéditives & moins coûteufes que dans aucun autre pays de l'Europe ; & comme la Guyenne eft infiniment plus à portée de ce commerce, on voit que tous ces vins pourroient être arrivés & vendus en Hollande & dans le fond du nord, avant qu'on eût le temps de charger ceux qu'on y envoie de partout ailleurs.

Si ce commerce avoit été, je ne dis pas favorifé comme il devroit l'être, mais feulement libre, jamais nous n'aurions

eu de concurrens étrangers.
Mais rien n'a été omis de tout
ce qui pouvoit augmenter la
culture des vignes en Espagne, en Portugal, en Italie,
sur le Rhin & la Moselle,
dans la Grèce, dans les isles
les plus distantes du continent,
au cap de Bonne Espérance,
enfin jusques dans l'Amérique.

Cependant il n'y a guere
aucune sorte de bons vins de
tous ces pays-là qu'on ne pût
avoir ou imiter dans la posi-
tion mitoyenne de cette province.

Pour me borner à la même
partie dont j'ai déja parlé, l'A-
génois, dans la haute Guyenne, produit des vins aussi

noirs & aussi doux, mais plus
agréables que ceux d'Alican-
te, & plusieurs espéces de vins
de liqueur, blancs, peu connus
en France, parce que les droits
y en interdisent le débit. Quel-
ques-uns, en les laissant vieil-
lir, sans autre préparation,
ressemblent aux vins de Cana-
rie. Il y en a qu'on prendroit
pour du vin de Malaga, d'autres
pour du Xerès, &c. Je leur
ai vu plus d'une fois donner la
préférence sur ces vins étrangers.

Si l'on avoit pu charger en
tous temps les vins de l'Agénois, du Quercy, de divers
autres endroits de la haute
Guyenne; si ces vins n'avoient

pas été écrasés partout de droits d'entrée & de sortie, on n'auroit pas manqué d'y introduire la façon d'y faire le vin & les seppages des crûs les plus célèbres ; on y auroit des vins aussi précieux & peut-être plus parfaits. Que d'avantages perdus !

CHAPITRE XXXVIII.

Mélanges des vins.

JE ne puis mieux placer qu'en cet endroit des éclaircissemens sur une question intéressante, qui fournit un éternel & injuste prétexte de restreindre & de ruiner ce commerce en faveur des pays privilégiés. Doit-on permettre le mêlange des vins?

On peut mêler des drogues malfaifantes dans le vin : c'eft proprement ce qu'on appelle frelater, falfifier. La cherté des droits a fait inventer cet art frauduleux, auffi nuifible au débit des vins qu'à la fanté. On peut dire que c'eft ce qui a porté le dernier coup à ce commerce; ce qui a détruit en mille endroits la confomma-tion des vins, & augmenté d'autant celle de la biere & du cidre. On doit fans difficul-té punir un pareil mêlange : mais la modération des droits l'empêcheroit plus furement.

Il n'y avoit autrefois de vins blancs de liqueur que dans certains cantons de l'Agénois & du Condomois. Aujourd'hui pluſieurs cantons de la Dordogne ont trouvé le ſecret d'imiter ces vins, en mêlant du ſucre & de l'eau de vie dans les vins qu'ils recueillent. Ce n'eſt pas cependant ce qui a fait le plus de tort aux premiers; c'eſt le privilége qu'a la Dordogne de charger dans un temps plus favorable & d'arriver en Hollande longtemps avant les autres.

Ce mêlange a produit une eſpéce de liqueur qui a eu de la vogue. Eſt-il puniſſable ? Je ne le crois pas. Le grand abus

est le défaut de liberté ; les habitans d'une même province,
qui ont les mêmes cultures,
qui paient les mêmes charges,
doivent avoir la même induftrie & les mêmes reffources.

CHAPITRE XXXIX.

Continuation.

Mêler un vin avec un autre
vin, pour lui donner quelque
qualité qui lui manque, n'eft
pas le falfifier, c'eft le rendre
plus agréable & d'un plus
grand débit. C'eft ce que les
Hollandois pratiquent avec
fuccès. L'état punit févére-
ment la falfification ; mais il

n'y a point de loi qui défende ce mêlange.

Il naît de ceci une autre queſtion : Si quelqu'un trouve le ſecret, en coupant avec art différens vins d'un prix médiocre, d'imiter les vins d'un grand prix, doit-il être puni ? Je dirai d'abord que cela ne me paroît pas bien poſſible : mais ſuppoſons-le pour un moment.

On peut par ce moyen porter préjudice de deux façons aux propriétaires ; la premiere, en vendant ce vin mêlangé pour le même qu'on a voulu imiter, & comme s'il étoit de tel ou tel cru de réputation. La deuxiéme, en le donnant à meilleur marché.

Dans le premier cas , il y a une fupercherie manifefte : c'eft vendre une chofe pour une autre. C'eft pourtant une de ces fraudes des marchands que les loix fuppofent pouvoir être évitées par la prudence des acheteurs.

A l'égard du fecond cas , il eft vifible que les loix ne peuvent l'interdire. S'il y a des particuliers qui en fouffrent , d'autres en plus grand nombre en profitent. Le commerce n'en eft point troublé , ni la bonne foi bleffée : autrement il faudroit punir un peintre qui vendroit à un prix modique des copies aufli belles que les originaux.

Les propriétaires de ce qu'on appelle *têtes de vins* , c'eſt-à-dire , de ces vins que les Anglois mépriſoient autrefois, & qu'ils achetent depuis un certain temps à des prix ridicules, prétendent que c'eſt un crime d'état d'imiter leurs vins. Ils diſent qu'on mêle des vins de haut avec de petits vins de ville ; & que, pour mieux tromper les Anglois, on les tranſvaſe en futailles Bordeloiſes ; que c'eſt une mauvaiſe foi inſigne; qu'on ne peut la punir trop ſévèrement, ni employer des précautions trop rigoureuſes pour la prévenir.

J'ai dit que je doutois de la

poffibilité de cette prétendue
imitation : mêlez des vins médiocres avec tel art qu'il vous
plaira, vous n'en ferez jamais
qu'un vin médiocre. Je crois
qu'on peut imiter les grands
crûs, & même les furpaffer ;
mais ce n'eft pas ainfi : c'eft
par la façon de faire le vin,
dans un autre crû qui fera excellent. Je ne ferai pas furpris
que la copie l'emportât fur l'o-
riginal, parce que l'imitateur
peut avoir plus de foin & d'ha-
bilité ; au lieu qu'il eft affez
ordinaire que le propriétaire
d'un crû de réputation fe
néglige, ou préfere l'abondance à la qualité. Vouloir
empêcher une pareille imita-

tion, ce feroit punir l'induftrie
& récompenfer la négligence.

A l'égard du tranfvafe-
ment, c'eft une fraude grof-
fiere dont le but ne peut être
d'en impofer aux Anglois. Qui
oferoit courir les rifques de
payer 55 liv. fterlings parto n-
neau, pour les droits feulement, à moinsqu'il n'y eût cent
contr'un à parier, que les Anglois s'y laifferoient tromper?
Il y a plus d'apparence que
le tranfvafement fe fait pour
profiter de l'avantage de la
jauge Bordeloife, ou pour n'ê-
tre pas obligé de brûler ou
de renvoyer des vins de haut
qu'on n'a pu charger avant le
8 de feptembre.

Les

Les priviléges produifent la fraude ; les rigueurs & les précautions l'autorifent. Si l'on n'a pour objet que la bonne foi & l'avantage du commerce, rien de plus fimple que de facrifier les priviléges, & laiffer une entiere liberté. Si la jauge étoit égale, ou que les droits fuffent proportionnés, ainfi que les frais, à la jauge & à la valeur du vin, il n'y auroit plus de précautions à prendre contre la fraude ni contre l'imprudence des acheteurs.

Partie I.   H

___

CHAPITRE XL.

*D'où vient que les Anglois se
font plaints.*

Les Anglois, dit-on, se font
plaints que les vins qu'on leur
envoyoit de Bordeaux étoient
falfifiés & pourris. Ces plaintes, qu'on prétend qu'ils ont
fait faire par leurs ambaffa-
deurs, ont fourni un prétexte
à la ville de Bordeaux, pour
en attribuer l'unique caufe au
mêlange des vins de haut avec
ceux de la fénéchauffée, &
pour s'autorifer à redoubler
fes rigueurs & fes précautions.

Seroit-ce un privilége, ac-

cordé avec tant d'autres, aux
vins de la fénéchauffée, de n'ê-
tre jamais gâtés que quand on
les mêle avec d'autres vins ?
Les pluies, les gelées, qui y
font affez ordinaires au temps
des vendanges, le fumier qu'on
y répand dans les vignes,
n'ont-ils pas la permiffion d'y
faire pourrir le raifin avant la
maturité ?

Les Anglois fe font-ils ex-
preffément recriés contre ce
mêlange ? Ils n'en n'ont pas
dit un mot : & ils le craignent
fi peu, qu'ils ordonnent à leurs
commiffionnaires de n'acheter des vins de Bordeaux qu'a-
près noël. Ne devroient-ils
pas fe preffer de faire acheter

ces vins avant qu'on pût les mêler avec d'autres.

Les Anglois ont voulu sans doute se souftraire au monopole qui leur impofoit la loi de n'acheter que des vins de Bordeaux, foit qu'ils fuffent bons ou mauvais. Mais ce qu'il y a de plus fingulier, c'eft que le propriétaire des vins de Bordeaux eft souvent forcé de faire lui-même, ou du moins de permettre, ce mêlange criminel, foit pour donner du corps & de la couleur à fes vins, foit pour en tempérer le goût trop verd, lorfque l'année n'eft pas bien favorable pour les vins de la baffe Guyenne.

CHAPITRE XLI.

Des vins muets.

C'EST à quoi ceux de la haute, qu'on appelle *muets*, font
très-propres : quelques pots
mêlés dans une barrique de
vin trop verd, le rendent po-
table.

On les fait avec du mouſt,
dont on empêche la fermentation au moyen du foufre. Pour
cet effet, à meſure que le mouſt
coule du preſſoir, on en met
une petite quantité dans des
barriques, où l'on fait brûler
du foufre. Dans quelques endroits, comme ſur la Dordo-

H iij

gne, on y ajoute du ſucre : enſuite on le braſſe à force , juſqu'à ce qu'il ne donne aucun
ſigne de fermentation. Il faut
y revenir pluſieurs fois , & à
chaque fois on diminue la
quantité de ſoufre ; puis on le
laiſſe repoſer, & on le ſoutire.
Ce mouſt devient clair & brillant comme de l'eau de vie, &
conſerve toujours ſa douceur.
Il eſt très-ſain , ſurtout pour
les rhumes & les maux de poi-
trine. Tous les mêlanges ne
doivent donc pas être proſ-
crits.

CHAPITRE XLII.

COMMERCE DES VINS.

Des vins marchands & communs.

Nous avons parlé (a) d'une révolution terrible arrivée dans ce commerce.

Il y a trois ans que les vins baifferent tout à coup en Hollande, de dix livres de gros par tonneau (120 liv. argent de France) & depuis ce temps-là ils n'ont pu reprendre leur ancien prix.

Ce fut à l'occafion fuivante : L'état levoit un droit de

(a) Chapitre XXXIII.

H iiij

confommation de 124 flo-
rins par tonneau (248 liv.
tourn.) ; mais les confomma-
teurs & les débitans étoient
comme abonnés pour la moi-
tïé : on toléroit qu'ils ne dé-
claraffent qu'un tonneau au
lieu de deux. Mais foit que
l'état voulût empêcher la
grande confommation qui
étoit l'effet de cette tolé-
rance , foit à caufe du droit
de cent fols par tonneau , mis
dans nos ports fur l'entrée des
vaiffeaux Hollandois , il fut
réfolu d'exiger les déclara-
tions à toute rigueur & fous
ferment. Les négocians firent
des repréfentations inutiles;
le réglement paffa.

Dès ce moment les négo-
cians se crurent autorisés à
nous faire supporter ce préjudice ; & par une surprise
inouïe dans le commerce,
chaque espece de vins que
nous avions déja envoyés en
Hollande, baissa, comme on
l'a dit, de dix livres de gros
par tonneau.

Le prix des vins marchands
& communs alloit en Hollande, de 25 à 18 livres de gros,
(de 300 à 216 liv. tourn.) ; il
y en avoit peu au-dessus,
moins encore au-dessous. Ces
vins y sont tombés de 15 à 8
livres de gros (de 180 à 96
liv. tourn.), & l'on a vu que
les frais de culture & de car-

H v

gaifon vont à près de 128 liv.
fans compter ceux de Hollande.

Quand on fuppoferoit que
l'exportation de cette efpece
de vins ne pût aller qu'à cinquante mille tonneaux , &
le retour par tonneau , l'un
dans l'autre , à 200 liv. c'eſt
une perte de dix millions pour
cette province, s'il n'y a pas
d'autre débouché que la Hollande.

CHAPITRE XLIII.

Des petits vins, & des eaux de vie.

AU-DESSOUS de ces vins, il y a ceux qu'on appelle pe-tits vins, que leur qualité in-férieure, ou leur éloignement des rivieres, oblige de conver-tir en eau de vie. Cette espece de culture soutenoit les pays de traverse ; & ce seroit en-core une ressource, quoique bien foible pour les autres, si l'eau de vie se vendoit.

Par l'état des frais de cul-ture ci-dessus (*a*), une barri-

(*a*) Même chap. 33.

H vj

rique de vin , avec la fu-
taille , revient au propriétaire à 15 livres : retran-
chant 7 livres pour la fu-
taille qui lui refte quand
il fait brûler fon vin, la
barrique lui revient à 8 livres.

Nous allons montrer
qu'au prix où eft l'eau de
vie , une barrique de vin
ne rend pas cent fols.

Il faut dix barriques de
vin pour faire une piéce
d'eau de vie qui contient
cinquante verges , la verge
quatre pots de Paris. L'eau
de vie fe vend à Bor-
deaux 64 livres les tren-
te-deux verges ; c'eft pour

la piéce . . . 100

	liv.	f.

Façon de l'eau de vie, & achat de la piéce. . 30
Fret jufqu'à Bordeaux (a). . . . 6
Commiffion, coulage, & autres frais. . 5
Droits. 9. 17

} 50 17

—————

Refte de net provenu. 49 3

On voit que ce n'eft pas 5 liv. par barrique ; encore l'eau de vie a-t'elle augmenté : nous l'avons vu pendant prefque toute l'année derniere à 60 livres.

Il eft auffi arrivé des révolutions dans ce commerce. Les eaux de vie de grain & de fucre fe font multipliées

—————

(a) A une diftance moyenne.

partout, & celles de vin, dans
pluſieurs pays qui n'en four-
niſſoient pas , qui même en
prenoient de nous.

Philippe V , roi d'Eſpa-
gne, prince dont toutes les
ordonnances ont eu en vue
le bien de ſes ſujets , renonça
en 1717 au droit de la vente
excluſive de l'eau de vie, pour
en faciliter l'exportation. Les
derniers réglemens joints à
cette liberté , ayant d'un autre
côté favoriſé la culture , il
ſort d'Eſpagne une prodi-
gieuſe quantité d'eaux de vie,
depuis quelque temps, particuliérement de la Catalo-
gne.

L'auteur de l'eſſai ſur les

intérêts du commerce maritime, prétend que si les habitans de saint Domingue &
de la Martinique n'avoient
pas la permission de rafiner
leurs sucres , notre navigation, relativement à cet article, augmenteroit d'un tiers ;
& que cela favoriseroit très-
considérablement la consommation des eaux de vie de
France. De trois barriques de
sucre brut, il dit que ces habitans en font deux de sucre
terré ; que le sucre terré étant
épuré, laisse un syrop, qu'ils
appellent *melasse* , dont ils
font une liqueur plus forte que
l'eau de vie, qu'ils nomment
taffia ou *guildive* ; que ce

fyrop paſſeroit en France avec le ſucre brut ; & qu'ainſi, ils n'auroient la faculté , ni de le brûler , ni de le vendre aux Anglois & aux Hollandois.

La conſommation de nos eaux de vie qui étoit fort grande en Angleterre, y a été preſqu'entiérement ſupprimée par les nouveaux réglemens. Enfin elles ſont en Hollande, ainſi que nos vins & nos autres denrées, à meilleur marché qu'en France.

Comme il y a trois fois plus de petits vins que des autres, la barrique valant ſeulement 10 liv. à l'eau de vie, ce commerce rendoit au moins ſix

millions à la province : ſi l'on
évalue le produit des vins de
prix , & celui de tous les vins
& eaux de vie des autres provinces , on trouvera que ce
commerce , que nous allons
perdre , faiſoit entrer plus de
cent millions dans le royaume.

CHAPITRE XLIV.

Moyens de rétablir ce commer-
ce. Taxe des manœuvres.

QUAND les maux ſont au
dernier dégré , on ne balance
plus ſur le choix des remédes ;
on prend le premier qui ſe
préſente.

On a cru dans quelques villes, qu'il falloit réduire le fa-
laire des manœuvres, qui eft
réellement trop fort, eu égard
au produit des cultures.

On a fait des réglemens de
police à ce fujet : les manœuvres ont été taxés à un prix
affez raifonnable : mais de pareils moyens ne pouvoient
réuffir, parce qu'ils ne fer-
voient qu'à augmenter la rareté des manœuvres, qui eft la
vraie caufe de leur cherté.

La capitale donne le ton à
tout le royaume. Ceux qui fe
mêlent de la police, dans les
villes même de province,
n'ont aucune connoiffance
des chofes de la campagne.

On diroit qu'ils dédaignent de s'en inſtruire. Ils agiſſent comme ſi le peuple étoit encore eſclave de la glebe. La rigueur eſt-elle bien propre à l'y attacher?

CHAPITRE XLV.

CONTINUATION.

De l'arrachement des vignes, & de l'arrêt de 1731.

On s'eſt apperçu , il y a déja quelque temps, que le prix des vins tomboit; & l'on a imaginé s'être apperçu qu'il y a trop de vignes en France.

Jamais on n'a vu qu'il n'y a

pas aſſez de liberté ; & c'eſt ce qu'il falloit voir il y a long-temps. Il feroit à defirer qu'il y eût eu, il y a longtemps, non une académie , mais un bureau d'agriculture, où l'on admît des députés des campagnes de diverſes provinces.

Les gens de la campagne auroient été convaincus de l'intention qu'on a toujours de les foulager ; les au-tres en auroient mieux fenti le befoin, & mieux choiſi les moyens.

Je fuppofe qu'on eût pro-pofé dans ce bureau, d'arra-cher la moitié des vignes, ou de retrancher la moitié des droits ; quel avis auroit prévalu ? Mais dans quel autre bureau, quoique la chofe foit parfaitement égale, à ne regarder que la perte des droits, n'aimera-t'on pas mieux qu'on arrache les vignes ?

Dans quel autre bureau pourà-t'on propofer avec fuccès, de fupprimer les priviléges, qui empêchent que cette culture & ce commerce ne puiffent jamais fe rétablir ? Les députés des villes parleront-ils contre les priviléges des villes ?

On prétend que le projet d'arracher une partie des vignes, & d'en interdire la plantation, a été mis au jour par de grands propriétaires de vi-

gnes dans le pays des priviléges. Ils comptoient fans
doute n'être pas moins privilégiés dans ces opérations.

Ce n'est pas, en effet, dans
des pays non privilégiés que
de petits propriétaires élude-
ront les défenses. Ils arra-
chent déja volontairement
leurs plus anciennes vignes ,
dans des fonds où le bled ne
remplacera point cette culture, dont ils ne font plus en
état de soutenir les frais. Dans
peu d'années, il n'y aura ni
vignes, ni habitans. C'est un
moyen sûr d'avoir assez de
bled, sans que la France en
produise davantage.

On crioit que la France

manquoit de bled, parce qu'on vouloit avoir à vil prix celui qui eft néceffaire à la culture des vignes. On promettoit l'augmentation du prix des vins. Les Hollandois, difoit-on, font brûler une partie de leurs épiceries. Mais les Hollandois font-ils brûler une partie de leurs navires? Défendent-ils d'en conftruire de nouveaux, pour augmenter le prix de leur fret? Nos colons diminuent-ils leurs plantations de cannes à fucre, de café, d'indigo, de coton, pour augmenter le prix de ces denrées? Les Anglois ont-ils rien retranché de la culture du bled, quand ils l'ont vu à

vil prix ? Ne l'ont-ils pas , au
contraire, étendue de plus en
plus, par l'indemnité accor-
dée au cultivateur ?

Ces moyens euſſent pu
réuſſir , du moins pendant
quelques années , ſi nous n'a-
vions pas eu de concurrens,
comme les Hollandois n'en
ont point pour les épiceries,
& comme nous n'en aurions
pas eu pour les vins , ſans les
priviléges , & l'excès des
droits ; mais ces moyens mêmes auroient produit le même
effet, qui eſt la concurrence.

Pourquoi contraindre, pourquoi toujours décourager le
cultivateur , & l'accuſer de
tout? Eſt-il né pour avoir toujours

jours tort ? Pourquoi ne pas lui laisser la faculté, pour payer les charges dont on l'accable, de tirer le meilleur parti qu'il peut, de son champ, dont la portée lui est connue mieux qu'à personne ? Par quelle fatalité toutes les rigueurs tombent - elles sur l'agriculture, & toutes les faveurs, sur les arts qu'on exerce dans les villes ?

CHAPITRE XLVI.

Moyens plus simples.

Ce n'est pas le salaire des ouvriers, ou la quantité des vignes ; mais les droits, les ta-

Partie I.   I

xes, qu'il faut diminuer ; c'est la gêne, la contrainte, le monopole, qu'il faut détruire.

Les provinces du midi ne recueillent pas assez de vins pour la consommation des provinces du nord, pour celle des grandes villes, des manufactures, des armées, des flottes, des colonies. L'argent rendu à l'agriculture par tant de canaux intérieurs, reproduit & multiplié sous sa main féconde, fourniroit aux frais de la guerre, lorsque la guerre nous priveroit du commerce étranger.

Quels obstacles s'y opposent ? Y en a-t'il d'autres que les priviléges & les droits ?

Nous avons affez parlé des priviléges; ofons traiter une matiere plus importante & plus délicate.

Il eft jufte que la denrée paye un droit d'entrée ou de confommation ; mais il eft jufte auffi que le droit foit pro-portionné à la valeur de la denrée.

Si le droit excéde la valeur de la denrée, la denrée en eft écrafée ; elle n'a plus de mou-vement, ni de circulation.

C'eft par cet excès que l'Efpagne a connu enfin qu'elle avoit perdu fes plus précieu-fes cultures, & que l'Angle-terre empêche nos importa-tions. Nous avons vu que la

Hollande a fuivi fon exemple : la Suéde & d'autres pays
du nord, favorifés dans nos
traités de commerce, font à
peu près comme la Hollande.

Donnons un exemple de
l'excès & de la difproportion
des droits établis dans ce
royaume.

Un tonneau de vin com-
mun fe vendoit 100 liv. ou
environ, fur les lieux ; cette
année les propriétaires, pref-
fés de vendre pour payer leurs
charges, l'ont donné à 20 &
à 18 écus. Mais comme ces
vins ne peuvent exifter, à
moins qu'ils ne remontent à
leur prix ordinaire, nous le
fuppoferons ici.

Si l'on charge ce tonneau de vin pour la Bretagne, à Bordeaux, il y paye d'abord, comme nous l'avons déja dit ;

	liv.	f.	d.
Pour les droits	29	17	
En Bretagne, droits de Province, environ	6		
Pour autres droits	8	5	4
Pour droits de débit, & de confommation	210		
TOTAL des droits que paye un tonneau de vin valant cent liv..	254	2	4

Un tonneau de vin du plus grand prix ne paye pas davantage : il y en a qui fe vendent jufqu'à 1500 liv.

Cette énorme difproportion avoit été repréfentée dans un autre mémoire. On convint qu'il feroit jufte de proportionner les droits à la

I iij

valeur des vins, mais que cela
cauſeroit des embarras dans
la régie, & pourroit donner
lieu à des fraudes. N'aura-t'on
jamais égard qu'à la commo-
dité des fermiers, & à leurs
terreurs pour les fraudes ?
Quel eſt le plus grand de
tous les inconvéniens poſſi-
bles ? Eſt-ce que les fermiers
aient un peu plus de peine,
ou que l'agriculture ceſſe ?
On faiſoit voir qu'ils n'y per-
doient rien : au contraire :
qu'en augmentant les droits
ſur les vins de prix, & les dimi-
nuant ſur les vins communs,
la conſommation des derniers,
qui eſt comme prohibée, ſeroit rétablie & étendue, ſans
nuire à celle des premiers.

C'eſt ce qui eſt arrivé en Eſpagne, à l'égard d'un des principaux articles des finances. La vente du tabac rend environ trois millions & demi de plus (de nos liv. tour.) depuis 1739, que la régie en fut faite ſur le plan dreſſé par dom Martin de Loynaz. Cet adminiſtrateur augmenta de dix réaux les qualités ſupérieures, & diminua de la même ſomme les qualités inférieures, à la portée du peuple (*a*).

Il ſeroit, ſans difficulté, beaucoup plus avantageux, & en même temps très-néceſſaire,

(*a*) Conſidérations ſur les finances d'Eſpagne, page 26.

de fuivre ce plan à l'égard des
vins ; de modérer, & de proportionner les droits d'entrée
& de confommation ; en Bretagne, où fe font les arme-
mens de la compagnie, des
vaiffeauxdu roi, des vaiffeaux
marchands ; en Flandres,
où eft ordinairement la plus
grande partie de nos troupes
de terre ; en Normandie, où
il y a un grand commerce, &
quantité de fabriques : enfin,
dans tous les lieux de la dé-
pendance du royaume, où
l'on peut procurer la confommation.

Mais, parce qu'il eft de la
derniere importance de rétablir l'exportation, & qu'on

ne peut obtenir que par des
traites, la proportion & la
modération des droits d'entrée & de confommation dans
les autres royaumes & pays
qui ne dépendent pas de nous;
c'eft une néceffité indifpen-
fable de fupprimer les droits
de fortie, & d'établir un entrepôt pour le commerce du
nord. Nous tâcherons de le
prouver dans le chapitre fui-
vant.

CHAPITRE XLVII.

Commerce du nord. Entrepôt.

LE commerce d'un état avec
fes colonies ne peut fe borner au fimple échange des

denrées : il faut qu'il y ait une balance qui ſe paye en argent après l'échange fait ; c'eſt-à-dire, qu'il reſte de net un profit qui ſe partage entre le négociant, le navigateur, le cultivateur, le fabriquant, & l'état.

Mais, ſi la métropole paye cette balance à la colonie, ou la colonie à la métropole, l'une ou l'autre ſera bientôt ruinée.

Il faut donc que la balance puiſſe être acquittée par l'étranger.

Il en eſt de même à l'égard des échanges qui ſe font d'une province à l'autre. La province qui ſe trouveroit débi-

trice, ne pourroit se soutenir:
Et à supposer une égalité
dans les échanges, ensorte
qu'aucune province ne dût à
l'autre, l'état les ruineroit toutes par la quantité d'argent qu'il
est obligé d'en tirer, dont il
ne revient pas la milliéme
partie aux provinces éloi-
gnées de la capitale.

Le commerce d'une nation,
forme un tout, & comme un
corps vivant, qui reçoit du dehors l'aliment & la nourriture
nécessaires à toutes les parties.

C'est pourquoi, il n'y a
point aujourd'hui de nation
commerçante qui ne tende de
toutes ses forces à faire payer

fa balance par les autres nations : mais heureufement, il
reftera toujours dans quelques
pays une impoffibilité phyfi-
que ou morale d'y parvenir ;
fans quoi, cet effort mutuel
de tous contre tous , pour me
fervir des termes d'un auteur
célèbre , détruiroit à la fin ce
même commerce étranger qui
en eft l'objet.

Nous faifons un commerce
défavantageux avec les pays
où nous pourrions commer-
cer avec le plus d'avantage ,
qui ont le plus de befoin de
nous, & nous d'eux.

Un climat trop froid &
trop humide refufera toujours
aux peuples du nord , nos

vins, eaux de vie, fels, fruits, huiles, &c. à plus forte raifon, le fucre, indigo, coton, caffé, &c. que nous cultivons dans nos colonies ; les drogues que nous fommes plus à portée de tirer du levant , & de faire paffer dans le nord, à plus jufte prix qu'aucune autre nation, ainfi que plufieurs marchandifes des Indes.

Ils nous fourniffent les matériaux de notre marine, bray, goudron, bois , fer, cuivre, &c. (je ne parle pas du chanvre, parce que c'eft notre faute), les cendres pour nos blanchifferies, &c. d'autres articles : mais à la réferve des fourrures précieufes de la

Ruſſie ; toutes leurs marchandiſes ſont, en général , d'une moindre valeur que les nôtres.

Ils peuvent avoir notre induſtrie & nos manufactures ; mais plus ils augmenteront par de tels moyens l'aiſance , la population , le luxe de leurs villes , plus ils augmenteront la conſommation de nos denrées , & des matieres que nous leur fournirons pour leurs fabriques.

Ils ont quelques colonies , & des compagnies de commerce : mais la plupart ne peuvent les faire beaucoup valoir, ſans s'épuiſer d'hommes & d'argent. La Ruſſie, la Pologne, les villes d'Allemagne , n'en ont point.

Entrons dans quelque dé-tail qui puiſſe nous faire ſentir que notre poſition nous rend le commerce du nord auſſi, néceſſaire & auſſi facile , qu'il eſt négligé.

CHAPITRE XLVIII.

CONTINUATION.

La France eſt l'entrepôt natu-rel du levant , de nos colo-nies , & du nord.

Nous nous privons très-gratuitement d'une partie de ces avantages. Nous laiſſons ſubſiſter, & toujours par égard pour les priviléges des villes,

le droit de 20 p. $\frac{2}{3}$ qu'on paye
à Marseille pour les marchan-
dises du levant, & le commerce exclusif qu'elle y fait ;
privilége qui n'exclut que les
François, que nos rivaux partagent avec elle, dans le temps
que nous pourrions les en exclure, si ce commerce étoit
libre.

Nous laissons subsister les
péages & autres droits locaux,
qui rendent inutile la communication de la méditerranée
& de l'océan par le canal du
Languedoc ; enfin les droits
de sortie, qui achevent d'ac-
cabler nos plus importantes
denrées, pendant que nous en
exemptons nos plus légères
fabriques.

Si jamais on a eu raison de dire que notre nation commence tout & ne finit rien, c'est surtout par rapport à notre commerce, qui seroit le plus beau du monde, si nous voulions le continuer comme nous le commençons, avec nos propres vaisseaux.

Les Anglois, tout habiles qu'ils sont, faisoient la même faute avant l'acte de navigation de 1660. Ils jouissent aujourd'hui de toute la plénitude de leur commerce. Ils n'en perdent plus de vue l'objet principal, la force de leur marine, la population de leur isle, la culture de leurs terres, l'emploi de leurs pauvres.

Avec beaucoup moins de matieres d'échange que nous, ils vont chercher dans les quatre parties du monde les assortimens qui leur manquent, pour aller débiter dans le nord les productions de leur païs.

Ils y portent le tabac de leurs colonies, depuis que nous avons bien voulu nous en priver, pour leur en céder le commerce & la culture, pour l'acheter d'eux, pour les enrichir, & pour nous ruiner.

Ce seul article, si digne d'attention, l'est infiniment davantage dans les circonstances présentes. Nous en parlerons bien-tôt.

Les Hollandois portent de même, dans le nord, les productions de tous les pays ; ils les prennent, à main armée, comme les Anglois, dans les colonies Françoises & Espagnoles ; comme eux encore, ils portent des tabacs dans le nord, & nous en fournissent.

Ils nous revendent les articles les plus considérables, que nous sommes obligés de tirer de ces pays-là. L'auteur de l'Essai sur les intérêts du commerce maritime, assure qu'ils ont eu près d'un million quatre cent mille liv. pour le seul frettement de leurs vaisseaux, qui ont porté depuis trois ans dans les arcenaux de

Sa Majeſté, les munitions na-
vales que les entrepreneurs y
font paſſer de la mer Baltique.
Il y a deux ans que ce livre eſt
imprimé. Que n'ont-ils pas eu
depuis ce temps - là ? Que
n'ont-ils pas eu pour la re-
vente & la commiſſion, à 20
& 30 pour $\frac{c}{o}$?

Ils viennent charger en
France nos propres denrées
pour notre compte, & les en-
trepoſent chez eux, où elles
ſont à meilleur marché que
nous ne pouvons les donner
en France.

L'excès & la rigueur des
droits ſur les conſommations
ont produit cet effet, joint à
nos propres charges.

Quoique l'état rende le montant de ces droits à la réexportation, ils font fi forts qu'ils rebutent d'acheter, ou qu'on achette bien peu à la fois, par la difficulté de faire de grandes avances. D'un autre côté le propriétaire, preffé par le collecteur, tire d'avance fur le commiffionnaire François; celui-ci preffé par la douane, & par fon commettant, tire fur le commiffionnaire Hollandois, fur qui toutes ces avances retombent, & le forcent de vendre.

La prune a eu le même fort que les vins & les eaux de vie. C'étoit un objet affez confidérable des cultures de cette

province , particulièrement
pour le peuple. La belle prune fe vendoit en Hollande 18
& 20 florins : elle eft tombée
de 4 à 6 & à 7; il en eft de
même de tout.

Il eft donc évident que nous
ne pouvons plus charger nos
denrées pour la Hollande, &
que ce marché commun de
toutes les nations nous eft fer-
mé. Nous n'avons donc plus
d'autre débouché que le nord,
ni d'autre parti à prendre , que
d'y envoyer nos vaifleaux.

CHAPITRE XLIX.

Continuation.

Nous aurions d'abord be-
soin d'une ordonnance pa-
reille à cet acte fameux de
navigation passé, en 1660, au
parlement d'Angleterre, que
les Anglois regardent comme
leur Palladium, dit l'Auteur
que j'ai cité, qui le rapporte
en entier, & auquel je ren-
voie. Je me contenterois aussi
de renvoyer aux preuves qu'il
en donne ; mais il en est des
vérités politiques, comme des
vérités morales : quand elles
sont d'une si grande impor-

tance, on ne doit jamais les croire affez prouvées, jufqu'à ce qu'elles foient fuivies.

Qui nous empêche de faire le commerce du nord fur nos propres vaiffeaux ?

Les Hollandois, dit-on, font ce commerce avec plus d'économie : Les Anglois ont des magazins, des comptoirs établis, une navigation réglée, des cargaifons d'envoi & de retour, toujours bien afforties, des droits modiques fur l'exportation & l'importation. Tant que nous ne pourrons pas naviger en concurrence avec nos voifins, cette navigation ne fera pas de notre goût, & reftera bornée à

25

25 vaiffeaux, prefque tous de Dunkerque, qui y navigent, contre 800 Hollandois (a).

Il n'y a point de difficulté qu'on ne puiffe applanir par un moyen que j'avois déjà propofé, & que je vais propofer encore ici avec plus d'étendue.

Ce moyen confifte à établir pour les pays du nord, pour

(a) V. l'examen de l'effai de M. D. fur la marine & le commerce ; vous y trouverez des particularités curieufes, par rapport aux défavantages de notre navigation dans le nord. Confultez fur tout la note (c) de la page 102, où il eft fait mention du traité de navigation & de commerce, conclu avec la Suéde en 1741 ; des droits exceffifs que la Suéde exige fur nos denrées ; de la prohibition de nos fabriques, &c. de l'illufion du port franc, imaginaire, de Weifmar, dépeuplé, démantelé, à cent lieues de Stockolm, de Gothenbourg, & des autres villes de Suéde, qui nous eft accordé par ce traité.

Partie I.   K

la Bretagne, la Normandie, la Flandres, le même en-trepôt, ou le même affran-chiffement de droits qui fut établi pour l'Amérique, par les lettres patentes de l'année 1717 : ce fecond entrepôt eft la fuite naturelle du pre-mier, puifque ces deux com-merces n'en font qu'un, & ne peuvent fubfifter l'un fans l'au-tre.

Si Dunkerque feul, parce que c'eft un port franc, en-voye 25 vaiffeaux dans le Nord, quel effet ne produira point l'entrepôt dont je parle, quand on l'aura établi dans les autres ports du royaume?

Avant l'établiffement du

premier entrepôt, à peine fortoit-il tous les ans du port de
Bordeaux, trois ou quatre navires deftinés pour l'Amérique. On l'a vu ; & on en a vu
près de 400, avant la dernière
guerre, la plupart conftruits à
Bordeaux même, & armés par
fes négocians.

CHAPITRE L.

Continuation.

CE nombre de vaiffeaux étoit
déjà trop grand pour ce commerce, vu le peu d'étendue de
nos ifles. Ils y portoient plus
de denrées qu'elles n'en pouvoient confommer, & enché-
riffoient trop les leurs.

Cependant la construction ne se rallentissoit point : à peine un vaisseau étoit lancé, qu'on en voyoit d'autres sur les chantiers.

C'étoit l'instant favorable, & que nous retrouverons dans la paix, d'ouvrir le commerce du nord, de rendre libre celui du levant, & de toutes les côtes d'Afrique, d'ôter le cabotage aux étrangers.

La concurrence & la ferveur des nouvelles entreprises auroient introduit dans notre navigation l'économie Hollandoise. Le François se plie à tout. Il passe du luxe à la frugalité, aussi aisément que de la frugalité au luxe.

CHAPITRE LI.

Continuation.

Du Cabotage.

Dᴇ's que nos denrées ne paieront point de droits quand elles feront portées fur nos vaiffeaux d'un port à l'autre de ce royaume, & qu'elles paieront les droits ordinaires quand elles feront portées par des vaiffeaux étrangers, je défie les Hollandois, avec toute leur économie, de faire chez nous ce commerce qu'on appelle de cabotage; & je ne vois pas de moyen plus fûr pour étendre notre navigation jufqu'au fond de la mer Balti-que.

CHAPITRE LII.

Continuation.

L'AVANTAGE de faire nous-mêmes le commerce de nos denrées, & de nos fabriques, eft plus confidérable qu'on ne peut le dire dans un ouvrage de la nature de celui-ci.

Une cargaifon livrée entié-rement à des étrangers peut-elle être vendue à profit? Si nous faifions le commerce du Levant & de l'Amérique, comme le commerce du nord,

nos manufactures & les cultures de nos colonies feroient
bien-tôt ruinées.

Les traités de commerce
que nous avons avec le nord
font en général très - défavantageux : mais qui ne voit
que nous n'avons confenti à
ces traités que par provifion,
par la foibleffe de notre marine marchande , & par le befoin que nous avions des vaiffeaux étrangers ; & que nous
aurons de meilleurs traités ,
quand nous aurons des vaiffeaux.

Mais qui nous empêche,
en attendant, de traiter avec
la Ruffie ? L'intérêt de cet
empire eft de commercer di-

rectement avec nous. L'im-
pératrice de Ruſſie a mis en
ferme les eaux de vie de
France, dont elle tire un revenu conſidérable ; ſes ſujets
tirent de nous toutes les denrées d'Amérique, & les étoffes
de ſoie ; nos ouvrages d'or-
févrerie & de bijouterie laiſſent chez eux une valeur in-
trinſéque. Nous prenons d'eux
des fourrures de très-grand
prix, outre les bois de conſ-
truction, la cire, & une pro-
digieuſe quantité de chanvre,
article que nous pourrions retrancher, & que nous ne re-
tranchons pas, non plus que
celui du tabac avec les Anglois & les Hollandois. Mais

il eſt temps de paſſer à la culture de cette précieuſe denrée.

Fin de la premiere partie.

www.ingramcontent.com/pod-product-compliance
Lightning Source LLC
Chambersburg PA
CBHW071643200326
41519CB00012BA/2382